THE
PROMISE
OF
ARTIFICIAL INTELLIGENCE
Reckoning and Judgment

# 测算与判断

## 人工智能的
## 终极未来

［美］布莱恩·坎特韦尔·史密斯　著
（Brian Cantwell Smith）

刘志毅　译

中信出版集团 | 北京

图书在版编目（CIP）数据

测算与判断：人工智能的终极未来 /（美）布莱恩
·坎特韦尔·史密斯著；刘志毅译 . -- 北京：中信出
版社，2022.9
　　书名原文：The Promise of Artificial
Intelligence：Reckoning and Judgment
　　ISBN 978-7-5217-4319-7

　　Ⅰ . ①测… Ⅱ . ①布… ②刘… Ⅲ . ①人工智能－研
究 Ⅳ . ① TP18

中国版本图书馆 CIP 数据核字（2022）第 068000 号

测算与判断：人工智能的终极未来
著者：　　〔美〕布莱恩·坎特韦尔·史密斯
译者：　　刘志毅
出版发行：中信出版集团股份有限公司
　　　　（北京市朝阳区惠新东街甲 4 号富盛大厦 2 座　邮编　100029）
承印者：北京诚信伟业印刷有限公司

开本：880mm×1230mm　1/32　　　印张：6.5　　　字数：150 千字
版次：2022 年 9 月第 1 版　　　　印次：2022 年 9 月第 1 次印刷
京权图字：01-2020-1986　　　　　书号：ISBN 978-7-5217-4319-7
　　　　　　　　　　　定价：58.00 元

纪念志同道合的朋友约翰·豪格兰德

# 目录

1980 年 3 月 25 日，在一次斯坦福行为科学高级研究中心的人工智能和哲学研讨会的午饭时间，一位与会者提出，如果康德是用计算机编程语言 LISP 写出《纯粹理性批判》的话①，一切问题就迎刃而解了。我在惊讶中抬起头，看到同样满脸错愕的约翰·豪格兰德。自此，我和约翰·豪格兰德的友谊迅速建立并急剧升温。这段友谊一直持续到 2010 年 5 月 22 日，当天约翰在他的芝加哥大学纪念文集大会上不幸心脏病发作并最终离世，而这也中断了我们之间的思想伙伴关系。②

约翰·豪格兰德是一位哲学家，他接受过海德格尔存在主义哲学的熏陶，并投入了大量精力来探索人工智能的哲学基

① 本人的博士论文主题即 LISP，因此我并非因不熟悉编程语言而感到震惊。
② 约翰·豪格兰德在心脏病发作后未能恢复意识，并最终于当年 6 月 23 日去世。

础。相识之初，我正在麻省理工学院人工智能实验室攻读计算机科学博士学位。虽然从技术背景的角度看，在职业生涯方面我们二人的研究方向可谓截然相反，但最终却殊途同归，我们步入了同一研究领域——计算和心智在哲学上的交叉。尽管我们的技术背景存在某种对位特性，但我们拥有相同的兴趣，这得益于更深层次的原因：豪格兰德的父亲是一名机械师①，而我的父亲则是一名神学家。在我们的成长环境中，技术和哲学并存，这注定我们以后会花数百个小时一起探索这一领域。"这正是我刚开始琢磨的问题！"成了我们谈话的一贯主题。

鉴于当时的情形，我未能在豪格兰德纪念文集大会上发表论文。于是，我希望通过本书来阐述自己之前提出的某些观点。

在此特别感谢居文·古泽尔代雷、阿莫哈·萨胡和亨利·汤普森对本书的初稿进行了多次指正，并围绕相关主题进行了深层次探讨。同样感谢克里斯托夫·贝克尔、吉姆·布林克、托尼·切梅罗、罗恩·克里斯利、尼尔斯·达尔巴克、桑德拉·丹尼洛维奇、吉莉安·爱因斯坦、拉娜·埃尔·桑

---

① 在读研究生时，约翰·豪格兰德亲自组装过一组继电器，并通过把弯曲的回形针固定在一台废弃的 IBM（国际商业机器公司）电动打字机的按键上，从而为自己配置了一台打印机。他还制作了各种所需的电子元件，并编写了一套程序来控制该设备，并持续使用了很多年。

尤拉、罗伯特·吉布斯、维诺德·戈尔、斯特凡·赫克、史蒂文·霍克马、阿图萨·卡西尔扎德、罗军、吉姆·马奥尼、托拜厄斯·里斯、默里·沙纳汉、阿诺德·史密斯和拉斯穆斯·温瑟，以及两位匿名评审人员。我还要向罗恩·克里斯利和"思维、机器和形而上学"社团（3M 社团）的成员表示感谢，该社团在 20 世纪 90 年代首次于美国印第安纳大学成立，并在罗恩·克里斯利的推动下于近年来重新以线上形式让广大学生汇聚一堂，我非常荣幸多年来跟这些学生一起工作。我深知，以上人士对本书的所有观点各有保留，但我仍心存感激之情。大家的积极参与对本书大有裨益。

感谢麻省理工学院出版社的执行编辑罗伯特·普赖尔在本书撰写过程中给予的指导，感谢他多年来对我的信任和支持，也感谢伊丽莎白·格莱斯塔对本书的出版不辞辛劳，鼎力相助。

鉴于本书的跨学科特点和哲学视角，可以想见中文版翻译、编辑和校对中的各种挑战。这里我要感谢本书的中文译者在面对这些挑战时所做出的努力和贡献，感谢罗军为中译文校读和修订所付出的大量心血，感谢中信出版社的田京京、寇艺明在整个过程中的理解、耐心、细致和为本书质量的担当。

我也非常感谢雷德·霍夫曼对我写作本书、研究以及未来几年得以继续研究此类课题给予的支持。雷德·霍夫曼于

2017 年 12 月 16 日提出应当思考人类如何与人工智能共同生活，这一观点给了我很大启发。我也将本书视为一个可以表达许多最初想法的良好契机。

　　另外，在此还要感谢吉莉安·爱因斯坦，若非有她，我简直不敢想象本书的写作。

无论是深度学习，还是第二波人工智能中的其他技术，抑或是第三波人工智能中已经提出的科技，都不会带来真正的智能。按照目前的设想，未来的智能系统将拥有强大的测算（reckoning）能力，但相比人类经过千万年磨砺出的智能，算力所体现的智能与之完全不在同一个档次。达到人类档次的智能需要从内在表征"超脱出来"，委身于世界整体，拥抱世界那无法言说的丰富性。一个系统，无论是人还是机器，只有当其能够带着决绝的担当、切身的利害和坚定的决心去面对世间的事物，才可以真正地指称一个对象，进而具有分析本体关系、辨别真伪、对情境做出恰当反应、真正肩负起责任的能力。

难道人工智能注定会失败吗？当然不是。自动测算系统将彻底改变人类的生存方式。但是，为了理解自动测算系统的能力、责任、作用和道德，为了理解人机组合应该承担的职责，我们需要理解智能是什么，人工智能完成了什么，以及完成相应的工作究竟需要何种能力？有了精心绘制的地图，我们才能明智地规划世界的走向，毕竟这是我们要共同栖居其中的世界。

本书致力于这样的地图绘制工作，且基于以下信念：计算机和人工智能的崛起具有划时代的重要意义，它们可能与科学革命一样对世界产生重大影响，而这一巨变将深刻改变我们对世界、对自己和对我们自身（以及我们的人工智能）在现实世界中所处位置的理解。由计算机和人工智能催化产生的重构包罗万象，我们需要从根本上，以全新的本体论和认知框架来与之相匹配，只有这样才能回答诸如我们是谁、要成为谁、代表了什么、如何生活等终极问题。

着眼于此类问题，本书首先介绍了一系列思想工具，来评估当前人工智能的发展，特别是已经引起兴奋、困扰和辩论的深度学习与第二波人工智能的最新进展。本书不会评估与当前人工智能发展相关的特定项目，也不会推荐增量式的改进。与之相反，我将采取总体战略并追求两大目标。

第一，解答智能本身的概念问题，以期了解人类拥有什么类型的智能，人工智能的目标是什么，迄今为止人工智能已经完成了什么，在可预见的未来可以预期什么，以及当前构建或想象的系统能够担当什么样的任务？第二，引入一种对世界本质的更好的理解，我认为，直面世界的本质是所有形式的智能最终都要解决的问题。

其中，第二个目标给本书以浓郁的本体论色彩。我认为：第一波人工智能失败的最深层原因是它所依托的本体论世界观站不住脚。我们对第二波人工智能最重要的洞见是，它为我们开启了另一种本体论视角；世界的本质意味着，要想构建任何称得上是"通用人工智能"（AGI）的东西，需要实现远超第一波或第二波人工智能所想象的发展。[1] 未来人工智能必须包括坚决地、参与式地与世界打交道的各种能力。

我认为，健全的人类智慧必须具有一种冷静（dispassionate）[2] 且深思熟虑的思维能力，基于有道德的承诺和负责任的行为，且适合具体的情形。我称这种能力为"判断"。虽然并非所有人的认知行为和意识行为都符合上述理念，但我

---

[1]　或者任何被提议用于第三波人工智能的东西。

[2]　"dispassionate"的本义是公平、公正、豁达和涵容。我们在此并非认为判断能力应该（或能够）缺乏关怀或保证。相反，正如第十一章和第十三章所论证的，判断能力必须同时充满激情、冷静和同情。

认为判断能力是人类思维必然追求的终极目标。[1] 我相信，此类判断能力不仅是我们努力灌输给孩子们的一种能力，也是我们要求成年人有责任、有担当的一种原则。判断能力是人类思维的一种表现形式，是超越个体存在的。它是经过数千年的积累且在不同文化[2]中形成的资源，并成为理性思考和审慎行动的基础。判断能力无须头头是道，无须理性昭然，无须独立于人的创造力、同情心和慷慨等特质——这些正是（形式）逻辑经常被指责为过于极端的地方。准确来讲，我所说的判断能力，是指一种可靠、公正[3]、忠于真理、忠于现实

---

[1] 在此并非认为判断能力单纯作为一种理念而与意识或经验相去甚远。我认为，在文化的历史发展中，极为重要的成就之一就是建立了判断能力标准，我们也将判断能力作为一个负责任的成年人的背景条件，尽管这种标准在世界各地以不同的形式出现。当代对公共话语结构的破坏（可能是受数字技术的影响）受到如此广泛的谴责，证明了这些规范并未被遗忘，即使它们似乎受到了威胁。了解该理念状态下的人类状况究竟是什么抑或将会是什么，可以称得上是梳理人工智能系统究竟是什么抑或不是什么的一个额外收获。

[2] 我们可以假设，判断能力的发展无须改变 DNA（脱氧核糖核酸）或神经结构。

[3] 喜爱哲学的读者可能会回避将正义和伦理纳入真理规范。我愈加清楚地认识到，对世界的认知能力是"我们的规范"之一，这不仅是我们掌握真理的基础，也是我们具有道德、关怀和同情心的基础。然而，要想理解正义和伦理如何以及为何是真理，就需要理解"世界"是什么，本体论和真理是如何产生的，存在担当是本体论的前提条件等。该形而上学立场的论证超出了本书的范畴，我将在其他地方加以讨论，可参阅拙作《对象的起源》（On the Origin of Objects）。

世界的思维方式。

我按照将判断能力作为一般智能的最终目标的观点，对人工智能的历史进行了考察，第一波人工智能起源于豪格兰德所称的"老派人工智能"（Good Old Fashioned AI，简称GOFAI）[①]，当下，我们正在经历的是第二波人工智能，具有代表性的包括深度学习等方法。我的目的既不是鼓励也不是批判，而是理解。理解我们所构建的各种技术的基础是什么，在每个阶段对应什么样的智力概念，到目前为止已经取得了哪些突破，在未来可以期待什么，当代的人工智能系统将达到判断能力的哪些方面，以及哪些方面尚未触及？还有我们当前所面临的极为重要的问题之一：阐明判断能力的含义，看是否可以借由人工智能的降临来启发我们提升对"人之为人"的自我要求。为达到理解的目的，我们会在本书中将这些问题提出来。

我用"测算"一词来表示计算机和人工智能系统已经表现出的卓越效用和算力。

虽然我们有许多理由支持计算机技术继续向前发展，并最终在许多方面超越人类，但是计算机的算力缺乏道德保证、深

---

[①] John Haugeland, *Artificial Intelligence : The Very Idea* ( Cambridge, MA : MIT Press, 1985 ), 112.

刻的语境意识和对本体论敏感性的判断能力。我认为，测算能力和判断能力截然不同，二者之间的差异凸显了智能种类[①]精细地图的重要性，该地图可以解释为什么测算系统在一些方面无所不能，而在另一些方面存在特别明显的缺陷。

******

关于本书，有四点需要读者注意。

第一，本书并非将人类与机器进行比较。毋庸置疑，在不久的将来我们可以构建出具有真正判断能力的合成计算系统，或者与之类似的系统。在将来，我们也有可能创造出能够发展自己文明，或者逐步参与我们文明的合成智能物，并且该合成智能物经过日积月累，也会进化出近似人类的判断能力。届时，我们对合成智能物判断能力的了解将远远低于对自己判断能力的了解。我并不否认这一天到来的可能性。当然，我也不能仅凭此点就断言我们当前的半机械人或其他人

---

① 心理学已经发展了关于人类心理的概念详图，区分了诸如认知、感觉、记忆等能力。正如第二章所指出的，人工智能所基于的智能概念相当普遍，未做出任何理论上的区分。此外，我认为我们评估人工智能所需要的地图，与心理学所提供的地图层次不同，出现这种情况的部分原因是计算机正在开拓人类或非人类动物未占据的广阔区域，而此区域与心理学无涉。

机合成物的判断能力将因此受到挑战。我有两点断言：一是我们目前设计构建的系统远未达到这一水平；二是无论是历史上的还是当前的人工智能研究方法，以及即将出现的各种研究方法，都尚未考虑构建或发展判断能力将会面临的诸多问题。

然而，在我看来，试图通过区分基于DNA的造物和硅基造物来得出将来我们不可能构建出具有真正判断能力的合成计算系统的结论根本是大错特错的，因为其中充满了沙文主义、情绪化甚至极为肤浅的致命错误。我们应该划定各种智能类型的范围，从而公平、公正地评估人工智能、人类和非人类动物。

第二，本书将会逐渐论证，我所捍卫的判断能力是一种总体性的、系统性的能力或承诺，涉及整个系统对世界的整体指涉。我不认为它是个体能力的孤立属性，也不认为它可能来自任何特定的结构特征，包括当前设计中缺失的任何结构特征。读者不应期望在本书中找到具体的结构特征建议或技术修复建议。我所探讨的问题不仅层次更深，而且比任何方法都更有分量。

第三，我充分意识到，自己要为之辩护的判断能力不符合任何介于"理性思维"和"情绪"或"情感"之间的概念。相反，我的目标之一是改变人们对理性的主流理解，并在某种程度上将所谓的理性划分为不同的类型。同时，从更全面的意义上表明，我们所渴望的任何一种理性，必然包含一些与情感有关的承诺和行动。这些举措源于一个更大的前提：如果我们要赋予人工智能应有的重要性，就不能想当然地认为久负盛名的理性观念会一成不变。

第四，本书绝不是休伯特·德雷福斯的《计算机不能做什么：人工智能的极限》之类著作的升级版。恰恰相反，我的目标之一是开发概念资源，以期理解计算机能做什么。事实上，整个讨论过程都很积极。我不主张停止对人工智能的开发，也不主张禁止人工智能系统在道德攸关的场合发挥作用。当飞机将要着陆时，我很高兴飞机是由复杂的计算机系统控制的，而不是由飞行员在迷雾中寻找机场。至少在上述情景中，我毫不担心人工智能系统是否会变得比人类更强大，或者人工智能系统是否会发展出自我意识。相反地，我认为我们需要尽快学会如何与自己设计的合成智能物进行有效协同。

不过，确实有两件事让我感到恐惧：一是在本来需要判断能力的情况下，我们会依赖测算系统；二是由于对测算能力的盲目认可，我们将从测算的视角来看待人类心理活动。近期发生的一些事让我对此表示担心。

我认为人们应该回应社会的呼吁，我也希望本书能让大家对以下呼吁引起重视：要学会如何使用人工智能系统并让它承担自己擅长的测算任务，而非承担其能力之外的其他任务；要加强而不是削弱我们对判断、冷静、道德和世界的担当。

THE
PROMISE
OF
ARTIFICIAL INTELLIGENCE
Reckoning and Judgment

# 第一章

# 缘起：人工智能浪潮下的
# 终极追问

人们也曾因第一波人工智能的到来而感到热血澎湃。20世纪六七十年代，人工智能迎来了首次发展浪潮。当时人们才开始关注计算机的超强能力，建立了新的人工智能实验室。计算机对人具有强大的吸引力，不仅因为它令人印象深刻的计算能力正在影响着整个社会，同时还因为它可能具有和人类一样的思维。后者给了我们巨大的想象空间。如果我们能将想象中的东西通过编程展现出来，这些程序就可以作为我们的得力助手，帮助我们参透千年的人类文明，深入了解人类的生存条件。

而如今，有许多人对上述狂热的想象报以冷嘲热讽。他们认为，所谓的第一波人工智能的系统脆弱不堪，不利于学习，最终将被诸多不确定性打败，从而无法应对世界的动荡和混乱。即使如此，它也并非乏善可陈。第一波人工智能的系统为如今司空见惯的事物，诸如电子商务、导航系统和社交媒体等铺平了发展道路。然而，一旦某项任务被自动化了，人们对智能的需求就没有之前那么迫切了。总体而言，人们的热情逐渐消退了。

对于第二波人工智能的到来，人们再次感到兴奋，此次是为崭新的"人工智能的春天"而欢呼。在超乎想象的计算能力和成千上万的大数据的支持下，深度学习和关联统计方法的性能水平正在超越早期阶段的成就。这令业界兴奋不已，商界争先恐后，新闻界充满期待。可是，第二波人工智能的到来也让我们感到不安，它并没有满足我们的想象。相反，它的到来使我们的兴奋感逐渐被恐惧感所取代，我们已有预感，崭新且带有陌生感的人工智能将逐渐接管我们的工作、生活和世界。

人们对人工智能利弊讨论的热情从未消退。关于第二波人工智能的评价及其与第一波人工智能的比较充斥着网络。并且随着新的局限性的显现，关于第三波人工智能的设想，即如何实现"通用人工智能"的最终目标也铺天盖地而来。当然，"通用人工智能"的设想也取得了不错的进展，世界一流的围棋程序、精准的机器翻译和不可思议的图像识别技术等确实令人惊叹。即使如此，那些德高望重的科学家依然对即将到来的巨变持审慎态度，他们中既有厄运的预言者又有根深蒂固的必胜论者。

在 50 年之前，这些德高望重的科学家面对第一波人工智能时的态度同样审慎。

要了解当下发生的事情，我们需要理解每一波人工智能所基于的本体论、认识论和生存假设。从历史角度看待人工智能，将帮助我们了解人工智能在前两个阶段的能力、意义和局限性，并评估它在第三个阶段的前景。与第一波人工智能基于"手工符号表征"的标准描述和第二波人工智能基于"大数据集的统计模式匹配"的标准描述相比，我们需要的是更具辨识度的分析。对每一种方法进行衡量，并冷静地分析未来，需要我们参透更深层次的东西：我们对人工智能的大胆理解应当不仅是一个包含了两个选项（也许还有其他选项）的统一架构，往更大了说，我们还需要理解智能是什么，以及我们的世界应当是什么样子的。现在，是时候翻新一下神经科学家沃伦·麦卡洛克①的说法了：这个世界是什么，让我们可以理解它？我们是谁，可以理解这个世界？

在此我提出三个方法论的初设。

第一，正如已经指出的那样，我们不能将辩论框定在人与

---

① 沃伦·麦卡洛克，神经科学界的巨擘，是如今计算神经科学的开创者之一。他曾经发表过一篇著名的文章，其标题为《数是什么，让我们可以理解它？我们是谁，可以理解数？》。

机器之间。这样做的问题不仅在于这些标签太宽泛、太模糊、太情绪化，更重要的是，为了避免意识形态导致的偏见，我们需要独立的评价标准。要判断当前人工智能拥有何种智能、人类拥有何种智能，以及机器和人类都拥有何种智能，我们需要理解"智能"及其"种类"，而不是按照我们想要认定为有智能的那些实体来循环定义。

第二，重要的是要避免由计算机科学和相邻领域之间的术语差异而造成的潜在混淆。逻辑学、哲学、语言学和认识论中的各种经典术语本来用于指涉一个有表征性且有意义的意向系统与更广泛世界的关系，当被重新用作计算机术语时，就用来表示机器本身范围内的因果行为和构造了。"意义"、"语义"、"指称"和"解释"等术语格外重要。考虑"程序 P 的语义"这个短语，包括我在内的很多人用它来指代程序 P 本身和与 P 相关的世界或任务域的关系（这里与 P 相关的世界和任务域可以是 P 的数据结构代表的含义，P 部署的环境，以及 P 计算的目标）。但从在计算机科学领域广泛存在的"卷席机制主义"（blanket mechanism，即认为机制问题卷席了一切值得研究的问题）的角度来看，这个短语指的是在计算机系统内部执行程序 P 所产生的行为结果，即在计算机科学中，"语义"这个术语不会超越到计算机这一机械设备本身的边界之外。由于我在本书中主要关心的是这个术语在传统意义上指代的程序 P 与真实世界的关联，我将沿袭这一传统含义，并标明那些最可能出现混淆的地方。[①]

第三，鉴于人工智能与人类生活密切相关，所以我们要在相对较高的普遍性水平上解决问题。我们需要弄清楚一些基本的问题：什么是智能？智能的物理极限是什么？在可行性界限之外的那些可能性是什么，好让我们不去奢望？另一方面：我们在哪里？我们的创造物在哪里？我们想如何与其他形式的合成智能物一起生活？我们应该怎么做？智能不仅是自然进化的产物，而且是我们自己设计的实体，而最终它是否将具备自我生产能力？合成智能[②]的发展将对人类的智能、自我意识和

---

① 多年来，不少计算机科学家建议我"跟上程序的趟"，希望我意识到这些程序内部的机械关系和行为就是程序"语义""引用""解释"等术语的意思。但这一建议又带来了许多问题。首先，我需要这些术语的经典含义。如果我接受这些重新定义，或者（更有可能的是）为了不造成混淆而有意回避这些术语，那么我就没法谈论我想要解决的问题了。其次，我认为，为了理解人工智能、计算机、思维、语言和思想之间的关系，保留术语的传统词义很有必要。再次，即使是在科学上，我认为我们也需要保留经典含义，才能处理计算系统自身的技术问题（详见我的下一部著作《计算反思》）。最后，这一点尤为重要，我对总体上支持"卷席机制主义"没有兴趣，我认为这种思潮会妨碍越来越多的知识探索。相反，我认为有一点很重要，即我们不应屈从于日益高涨的完全机械化的世界观和解释。所以我坚决抵制随意拓展词义。

② "合成智能"（synthetic intelligence）是来自豪格兰德的称呼，如确可流行，相较"人工"（artificial）更为恰当。

"人之为人"的标准产生怎样的影响？它应该产生怎样的影响？

还有一些实际问题。如何界定不同智能所需要执行的不同任务，比如在城市里开车、看 X 光片、盖房子、教育孩子、检测种族主义、传播新闻等，我们如何负责任地将特定种类的工作分配给较为恰当的人、机器和流程？究竟如何在有机体之间、设备之间、社区之间、系统之间、政府之间进行分工，才会具备可持续性且让人心悦诚服？

此类问题针对的是未来。而为了解决此类问题，我们就需要把握过去。

THE
PROMISE
OF
**A**RTIFICIAL **I**NTELLIGENCE
Reckoning and Judgment

第二章

# 渊源：人工智能思想基础的
# 四个假设和四条原则

经典的第一波人工智能是基于符号表示的，这并非偶然。约翰·豪格兰德那难以磨灭的"老派人工智能"[1]一词，永久性地命名了经典的第一波人工智能的思路。这一思路源于四个疑似笛卡儿式的假设：

C1.智能的本质是思考，并且大致上是理性的思考。

C2.思考的理想模式是逻辑推理（基于"清晰而明确"的概念，我们将这样的概念与离散性词语相联系）。

---

[1] 在本书序言中已有介绍。

C3. 感知的水平比思维低，在概念上的要求也不高。[①]

C4. 世界在本体论上是我所说的形式化的[②]：世界由离散的、定义明确的中等尺度的对象构成，对象有明确的属性，对象之间有明确的关系。

关于 C1，人工智能在成立之初，对"智能"一词并没有明确的定义。其目的仅是建造一台看起来"聪明"的机器，该机器能够思考、模仿人类的理性或展示认知能力。目前，人们已经实质性地扩大了人工智能所瞄准的心理活动范围，其中最明显的包括主流人工智能研究中的感知、行动和分类，也包括对情感、认知发展、断言与否认的本质等的探索。但成立之初，概念表征在很大程度上被认为是已经给定了的，关注点指向一种对思维和推理的逻辑主义构想。

---

① 并非所有人都认为感知相对比较简单。让人迷惑的是，也许是因为在非人类动物中有典型的例证，因此我们以为与真实的智能相比，感知的神秘色彩更少，感知是低级的水平；而且以为我们应解决的深刻问题是，真正的智能是什么，它如何出现以及思维如何可能存在于一个纯粹的物理装置中。（"我们是能感知的造物"这一观点从未被认为是二元论的论据，或是成为怀疑我们的物质构成的理由。）

② 这绝非标准的定义。"形式化"这个术语有多种用法，包括句法、抽象和数学的解读，还有其他方面。请参阅《对象的起源》，以了解这些解读背后的脉络，以及形式化作为"离散性的泛滥"的本质。

上述假设与计算并没有什么特别的关系。[①] 为了将这一假设与计算能力联系起来，我们还需要具备额外的洞见，这归功于 19 世纪和 20 世纪布尔、皮尔斯、弗雷格等人在逻辑方面的研究进展。在此需要强调和解释的是，部分是因为对逻辑的期望值已经降低，同时也因为逻辑仍然能够让我们在概念上去框架所有人工智能都必须面对的挑战。

我们的这种认识建立在一个关于表征和物理因果关系本质的基本论题上。即可以构建一个具有四个关键原则的系统，这四个原则属性合力，使我们能够让人工智能"推理"或"处理信息"。

## P1. 该系统以符合科学原理的机械方式进行工作

我们可以制造这样的设备，无须超自然力量，也无须魔法或神圣的指引，更无须长生不老药之类神秘的事物。

---

① 如果说有什么特别之处，那就是计算和智能模型的联系是倒过来的，图灵机是基于图灵本人对智能的逻辑主义构想。

## P2. 该系统的行为和组成部分<sup>①</sup>能够支持语义解释，也就是说，系统可被解释为是"关于"（意味、表征等）外部世界<sup>②</sup>的事实和情况的

根据人工智能的这两个属性，我们可以进一步区分理解计算机的两种方式：

一是当它被从语义解释的角度理解时，它所做的是什么，

① 哲学家将系统作为一个整体的行为或身份与系统内部组成部分（数据结构、成分等）区分开来，对于人类而言，前者的属性称为人格，后者的属性称为亚人格。这种差异在伦理方面的案例中是最容易理解的。虽然我们可能会因为你做了一些过分的事情而追究你的责任，但如果神经科学家要把你的不当行为归咎于你的大脑功能异常，那么说"杏仁核不好"看起来就有点奇怪。但是，即使对于人类而言，也很难仔细区分人格和亚人格之间的不同之处。虽然承认语义解释显而易见，但难道事实上只有诸如思想的组成部分或外部（人格水平）的行为等记忆才是可理解的吗？这种区别在某些情况下非常重要，概括此处对判断能力概念的设定，我认为，判断能力是一种不可撤销的"人格"或"系统"能力，而不是任何成分或亚人格部分的能力。然而，这与人工智能的起源无关。

② 正如在第一章中提到的，这不是计算机科学中"语义"的意思，在计算机科学中，这个术语已经被用来作为程序或数据结构的按机制来划分的行为结果的名称。详细信息请参见我的下一部著作《计算反思》。一般来说，计算是一种语义的或有意识的现象，然而这种主张越来越受到挑战。see, e.g., Gualtiero Piccinini, *Physical Computation: A Mechanistic Account*（Oxford：Oxford University Press, 2015）.

即它的表征所指代的在现实世界是什么；二是作为（未解释的）因果机制，它是如何工作的。前者的例子包括计算一个大数的质数因子，计算出穿越美国各州首府的最短路线，预测秋季选举的结果，以及报时等。此类活动不是根据机器内部发生了什么进行描述的，而是根据对机器的输出或行为的解释[①]对世界是什么样的或可能是什么样的进行描述。预测政府管理能力下降是对政治的预测，而不是对输出或数据结构的特征进行的预测。蒙特利尔在渥太华北方的信息与现实世界的情况有关，而不与进位制、信道、度量或符号有关。对于人类来说，从语义解释的角度理解智能是稀松平常的。[②]如果我问"你在想什么"，你可能会回答"我在想……"，被省略的地方是对现实世界的描述，而非你对未解释因果模式的想法（恐怕不会有人说"刚刚皮质醇水平提高了2.7%，并通过胼胝体发送了 $10^7$ 个神经脉冲"）。[③]

---

[①] "解释"是另一个术语，它在计算机科学中赋予了一个内在的、机械的阅读，但在此我使用的是"解释"一词与世界或有意识的主题相关的正常英语含义。

[②] 事实上，智能只有在解释之下才被称为智能。"智"不是对无法解释的因果行为或机制结构的描述。

[③] 关于语义可解释性，我将在后面详细说明。就目前而言，重要的是要注意该解释是否可以随心所欲地被赋予，因此可以随心所欲地改变（就像塞尔在他的"中文屋论证"中所假设的那样）。至于它们是否被锚定或根植于这个世界（即所谓的"符号根植问题"），或者其语义是"原始的"还是"派生的"（或"本真的"和"非本真的"），至少部分是另一个问题。

P1 和 P2 这两条被认为是逻辑结构的根本，也是关于计算机是在做"形式化符号操控"这一理解的根本。

虽然我认为接下来两个原则也适用于逻辑和计算，但是它们通常很少被重视和关注。

## P3. 系统是从语义解释的角度来规范性地评估或支配的[①]

这些系统发挥什么功能（无论这些功能是对是错，是真是假，是有用还是无用）与它们被解释为代表了什么或说了什么的评估有关。如果我们朝着某个方向发射，最终会到达土星是真的吗？小于 100 万的质数有 78 498 个吗？按这个速度，我们得花 87 年才能还清抵押贷款？如果一个算法产生了一个误导性的或错误的答案，那么这一算法的效率就无关紧要了。

第四个原则最难理解，但也是形而上学方面最基本的部分。它对所有形式的智能提出了一个根本的挑战。我甚至可以说，该原则确定了智能"设计"要解决的问题。我会用"有

---

① 本来我也可以说"规范性估值"（normatively evaluated），但是与"语义"一词一样，术语"估值（evaluate）"在计算机科学中已经具有了纯粹的行为意义，这偏离了其历史上关于所值、正当、正确、真实等的规范性意义。我所谓的"支配"（governed），不是指因果或机制上的控制，意思更接近于民主社会"最终是由尊重和信任支配的，或者说物理事件是由自然规律所支配的"。

效性"对其进行描述，即"可通过物理或机械手段完成的事情"。撇开数学建模带来的复杂性不谈，这就是计算机科学以"有效可计算性"为标签展开研究的意义所在。第四个原则有很多微妙之处，但就当前的目的而言，可以将其理解为"直接因果"。[①]

## P4. 一般来说，与世界的语义关系
## （包括指称）[②] 不是有效的

在语义关系出现后，其两端都是不能因果性地检测到的——无论是从进行表示的对象或事件一边（如术语、词汇、表征、数据结构、思想等），还是从被表示的实体一边（如所指称或所代表的实体或事态）。例如，你不能通过局部测量或检测来判断一个表征代表的是什么。任何位于一个物体上的物理探测器都不能确定该物体是人类描述或者思想的对象。虽然"被

---

① 从技术上讲，"有效"应理解为一种高阶属性，即让某些东西可以做物理（因果）工作的那些属性的共性。也就是说，计算机科学的有效性概念和经典的因果关系概念之间的关系值得调查，特别是一旦认识到（如我所相信的）有效可计算性的概念不能被纯粹抽象地定义时。参见我未公开发表的手稿《解决停机问题和其他计算基础中的欺诈》。

② 我所说的语义关系是指符号（术语、词汇、表征、描述、思想、数据结构等）及其所表示（指称、描述或关于）的对象之间的关系。

指称或表征"的是一种真实存在的状态（这通常很重要），但没有一种可辨别的、沿着意向性箭头传播的能量波，这种状态不是任何物理仪器可能接收到的信号。仙女座上的造物现在可能在思考关于地球人的事情，但我们没有任何办法知道或发现；同样，你不需要经过 8 秒的等待就可以提及太阳。指称关系（关涉性）也不能被物理障碍所阻挡。就算你把我锁在铅制的保险库里，我也能想到半人马座阿尔法星系。当然，即使在同一个保险库里，我也会犯错误，例如我认为内华达州的里诺在洛杉矶东边。①

指称和语义②的非有效性是表征和智能本质的基础，并从根本上影响了我们的本体论，即我们赖以理解世界的对象和属性。这是所有物理学中最基本的事实的一个后果：因果影响会随时

---

① 我向我的学生保证，如果他们能设计出这样一款 iPhone（苹果手机）应用程序，就肯定会成为亿万富翁：当有人想到你时，这款应用程序会发出声音提醒。许多机械专业出身的学生声称他们可以开发这样的应用程序，至少在理论上来说可以，通过仪器测量每个人的大脑，把他们的想法上传到云端，在正确的时间向目标手机发送信号，等等。但这不是重点，也不是挑战。我想表明，在任何给定的时刻想起某些人，并不会导致他/她受到任何身体上的干扰或接收到"信号"。

② 在说语义并非有效的时候，我并不是在否认语义行为可以产生因果上的后果。"你够得着盐吗？"可能会导致盐的减少；伽利略为自己的日心主义辩护，使他被贴上了"异教徒"的标签。重点是，意向行为既不使它们与所关注的事态进行有效（因果）接触，也不需要进行有效（因果）接触。

间和空间局部地消逝。宇宙是一个纯粹由局部影响构成的网络，这一事实对任何旨在理解世界的系统或造物构成了巨大的挑战。这意味着，包括人和机器在内的任何系统，都不能仅通过检查、观察或取样来确定正在发生的事情（这大大限制了布鲁克斯的著名格言"世界是它自己最好的模型"的适用性[①]）。大多数重要的东西，以及一个主体所关心的大部分东西，即过去的一切，将来的一切，遥远的一切，以及大量有关附近事物的客观事实[②]，根本无法被直接探测到。新闻是否真实，椅子是否需要搬到屋里去，你是否会最终理解别人给出的建议，这些都不能简单地从因果干扰的冲击场中"读取"出来。

然而，即使不能直接检验有关事实（假如我们很聪明），我们仍然需要知道远处正在发生什么：我们储存橡果的地方的某块石头后面潜伏着捕食者；刚刚离开房间的那个人仍然存在，而不是形而上地消失了；太阳明天还会升起。如果有智能世界在整体上就是可理解的，但我们只与附近的极小部分（$1/r^2$ 时

---

① Rodney Brooks，"*Intelligence Without Reason*," MIT Artificial Intelligence Laboratory Memo 1293（1991）；这句格言也出现在 John Haugeland 的"*Mind Design II：Philosophy，Psychology，Artificial Intelligence*"（Cambridge，MA：MIT Press，A Bradford Book，1997，p.405）。这本书的重点不是说布鲁克斯的论点是错误的，只是说他的论点只对周围紧邻的环境有用。

② 所有那些涉及非有效属性的例证的事件状态。

空范围内的有效事实）有效接触，那么对于智能来说，理解在有效范围之外正在发生的事情至关重要。有一点需着重强调一下：世界有无法触及的部分，这正是我们需要推理的唯一原因。正如斯特劳森所指出的那样，"我们需要知道是我们的感官在衰竭，而不是世界在消退"[1]。

我们如何恰当地去面向一个超越了有效可及范围的世界？通过利用当前世界的有效结构和过程来代替无法有效触及的世界，即所谓的表征世界。这在本质上是对智能的形而上学要求。[2] 这种做法并不违反P4（语义的非有效性）的原因是，表征有两个标准属性：一是表征与不直接有效的（它们所表征

---

[1] P. F. Strawson, *Individuals*（London：Methuen, 1959）.同样，波普尔的著名格言"我们思考是为了让我们的假设可以代替我们去死"，之所以有意义，只是因为我们思想的语义范围和世界的因果范围之间存在差异。

[2] 在认知科学和许多人文科学领域，表征受到了广泛的谴责。然而，这些反表征主义的情绪是针对非常狭隘的表征概念产生的，因此抛弃了对推理和智力的深刻讨论。承认有效近端与规范相关但物理上远端之间的张力并不需要将表征必然视为符号性的，宣誓效忠朴素实在论，否认本体论依赖于文化或实践，断言认知活动完全是理性的或经过深思熟虑的，肯定符号的结构和所指的结构之间有严格的对应关系（对维特根斯坦的"图画理论"的一种常见解释），或许多其他假定的毛病。我在这里的描述，既适用于那些传统上被标记为意向的或表征的认知，同样适用于行动派（enactive）、女性主义、后结构主义和生态主义的认知观点。参见我的 *Rehabilitating Representation*（本篇文章未正式发表，手稿仅发布在纽约州立大学布法罗大学认知科学中心2008年的春季研讨会上）。

的）事物处于非有效的语义关系中；二是表征仍然可以在因果相近的范围内影响物理变化或受到物理变化的影响。一个写有"前方有十字路口"的标志，表面上标有可识别的图案，还可以用不同的方式反射光线，从而激活视网膜内的信号，进而触发神经活动，最终导致制动行为的发生；与此同时，在表征的范围之内，符号可以站在某种结构关系中（形成一种规范的指导行动的方式），与一种看不到的事态相结合。因此，对即将到来的速度陷阱的想法可以帮助你在警察发现你驾驶的车辆之前减速，也就是说，在你进入雷达的有效范围之前减速。

使用具有这一对协调起来的属性的表征使得智能系统具有物理上的可能性（P1）。但是为了让超出有效范围的符号和思考正确或有价值，那些"触手可及"的局部且有效的结构，以及定义于其上的过程必须受到规范框架的支配，这里的规范必须考虑远端"遥不可及"（非有效地可得）的情况。[①] 姑且用一个句子来概括：

表征特令：一切面向世界的系统的正常运作，即一切思考世界、表征世界、处理关于世界的信息的系统，都必须将其机制的

---

① 逻辑里的正确性和完备性是该规范的特定版本，适合形式逻辑的特定假设和限制要求。

运作（P1）统摄在规范性准则的支配下（P3），而这些规范性准则必须根据系统所表征或推理的世界中的事件的情况和状态来构建（P2），而且，一般而言，这些情况和状态不会在有效（因果）范围内（P4）。

因为此类规范制定的依据是现实世界，且对本地运行机制有支配作用，也就是说，与之相关的是现实世界正在发生的事情，才能使推理正确或有价值，所以我说推理系统和一切智能系统都必须有对世界的尊崇。

这一特令在本体论上的影响比较直接。只有当其局部有效属性与其所服务的被表征情境的属性适当地对应[①]时，表征才能够满足远端规范（根据远端和非有效可及的事件状态定义的规范）。由此可见，世界要具有可理解性，必须表现出一定程度的跨越时空的关联。[②]只有当烟雾的存在可靠地与（可能无法观察到，因此可能不存在因果效应的）某些东西燃烧的事实（可能是远端的）相关时，烟雾才能被识别为火的信号。如果

---

① "适当地对应"可能包括居中调节活动的结构，甚至包括由居中调节活动本身导致的，在规范上适合于所表征对象的行为。

② 我把计算机科学和物理学中的定量的、非语义的信息概念作为世界相关性的（后本体论）度量。我不认为该相关性应该被称为信息，但这种相关性的重要程度毋庸置疑。

现实世界在任何地方都是独立的，那么宇宙就会是随机的，表征随即失去了意义，智能也就无法存在了。与此同时，世界并非完全关联的，如此一来，世界就会锁死成一块铁板，而禁绝了表征、智能和造物的可能性。[①] 在任何可以理解的层面上，世界一定是部分连接而又部分断开的。[②]

连接和断开的模式是表征，也是智能的必要条件，从而也为可能的本体提供了条件。你的人格并不取决于四肢瞬时的方向，当你站起来时并不会消失，或神奇地突然出现一个新的人。也就是说如果"人"的概念限制了我们的肢体方向，我将无法在特定时刻知道你是否存在。那样一来，就没有人可以有一个持续的身份。[③] 换句话说，智能不仅需要具备追踪和思考对象的能力，而且对象必须是现实的片段，才可以对其进行思考和远程跟踪。认识论也会约束本体论，而不只是反

---

① 参见《对象的起源》中对"齿轮世界"的讨论。

② 有些人可能会试图从自由度的角度来论述这一点，但此类度量都需要本体论，而本体论依赖于部分连接和断开的模式，而非反过来。但是自由和关联之间的"平衡"也可能值得调查，这种平衡对于注记（registration，参见《对象的起源》中对 registration 的相关讨论）、信息、发现世界可理解等而言极为重要，值得搞清楚这些跟物理定律、控制着我们在注记过程中所使用的抽象元素的构成条件或其他因素。

③ 即是说，不会有时空蠕虫会在我们当前的本体论下被注记为一个人。

过来。①

思维、智能和信息处理满足 P1~P4 原则，这是逻辑和计算背后的基本观念。不仅人类自身能够进行一般的逻辑推理和计算，而且人类还可以建造机器来完成此类工作，这在 20 世纪的前几十年是一个惊人的发现。尽管这个发现在今天已经显而易见，鲜有人再提及（如图 2.1 所示）。但这个洞见是根本性的，而且作为智能可能性的先决条件，不可能想象其不成立。它促进了形式逻辑的研究，推动了计算机的发展，放飞了第一代人工智能系统，促进了知识表征语言的开发，并从总体上塑造了我们关于如何构建面向世界的计算机系统的构思。

稍后我将指出，这一普遍观点也是第二波人工智能的基础。然而，关于如何在机器中实现逻辑推理和计算的最初想法［也就是支撑老派人工智能或第一波人工智能（我将在本质上

①　现实主义者无须恐慌。这里并不是将认识或心理状态以某种魔幻的方式伸展出去，神秘地调整了形而上的世界本身。而且这里的意思也不仅仅是因为注记实践是世界上真实的活动（尽管它确实是）。如下文所述，这里的意思是：我们的本体论（或者我所说的"注记"）框架必须能够访问注记对象，即必须以这样一种方式来解析现实世界，从而让解析出来的"对象"可以被指称和思考。换句话说，对象之所以为对象，就是因为它是一个能够支持注记责任的可能场所。是的，一个对象不同于我们对其的表征；但这并不意味着（或要求）本体论和认识论在逻辑上相互独立。在这里，我沿着表征特令中的"支配"的思路使用了"约束"一词。

互换使用这两个术语）的概念〕非常狭隘，这是大家最初没有意识到的，在老派人工智能时代，人们认为，显然可以实现逻辑推理和计算的方法之一是建立一个离散符号或数据结构相互连接的网络，大致以命题形式组织，按照一个同样符号式的程序所要求的方式运作。这种经典的"符号"架构至今仍然是诸如健康记录系统、脸书数据库和美国国家税务局计算系统等主要项目的基础。在某种意义上，今天的所有程序仍然在广泛使用这种架构（如微软公司的办公软件）。

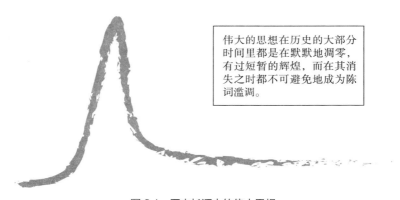

> 伟大的思想在历史的大部分时间里都是在默默地凋零，有过短暂的辉煌，而在其消失之时都不可避免地成为陈词滥调。

图 2.1　历史长河中的伟大思想

\*\*\*\*\*\*

稍微想象即可知道，尤其是对于热衷第二波人工智能成就的人来说，老派人工智能和第一波人工智能的思想基础似乎只能算是差强人意，并未如 20 世纪六七十年代所说的那样具有开创性。但我们必须认识到，它不仅开创了整个人工智能事业，实际上更开创了整个计算机发展进程，而且其所依据的洞见依然深刻而强大。如果我们要绘制一幅全面的人工智能地图，就需要给予其一席之地。

THE
PROMISE
OF
ARTIFICIAL INTELLIGENCE
Reckoning and Judgment

第三章

# 失败：老派人工智能的
# 根本局限性

然而，老派人工智能失败了，或者说，被认为失败了。[1]
其失败之处可以归纳为如下四个方面。[2]

## F1. 神经学方面

大脑的工作原理与老派人工智能迥异。当今所有主流 CPU

---

[1] 老派人工智能并未被抛弃，且相关的研究仍在继续；在第七章中，我会论证说明老派人工智能解决了一些对人工智能发展来说至关重要的问题。但是老派人工智能不再激发关于对"智能如何工作"的想象力；在认知科学和神经科学中老派人工智能被一致差评；人工智能思潮的重心已经转移到机器学习和第二波人工智能的其他方面；而且，正如我在这里所说的，作为智能的一般模型，老派人工智能的一些基本假设（C1~C4）根本站不住脚。

[2] 这种分类大体上基于休伯特·德雷福斯的里程碑式著作《计算机不能做什么：人工智能的极限》的第二部分。

（中央处理器）和所有经典人工智能系统，都由相对较少的串行活动轨迹（一到几十个线程）组成，且以极高的速度运算（每秒大约运算 $10^9$ 次），并追求相对较深层次的推理或过程嵌套。据我们所知，大脑的工作原理与此截然相反，其能力来自大规模的并行处理，但运行频率是主流 CPU 频率的五千万分之一。[1]

然而，关于此类低层次架构差异是否与实现人类级别的智能有关的问题并不好回答。要回答该问题，就需要知道类似人类的智能需要什么，非人类的智能可能是什么样的，大脑使用什么样的执行策略等。然而，老派人工智能的衰落让人们重拾了对"脑式"计算的兴趣，如今的"神经网络"、深度学习系统和其他机器学习架构就是典型的案例。[2]

---

[1] 根据所谓的费尔德曼的"100 步规则"（Jerome Feldman and Dana Ballard, "Connectionist Models and their Properties," *Cognitive Science* 6, no. 3, 1982, 206），大脑每秒最多可以完成 100 个序列的计算步骤。再考虑到大脑具备在一秒钟内完成许多认知任务的能力，这十分发人深省。

[2] 神经系统所启发的架构历史久远，可以追溯到麦卡洛克。然而，并非所有大规模并行的架构都是受到神经系统启发的，例如一些早期的语义网。但有一点无可争辩，即人工智能所关注的重心已经从串行架构转移到大规模并行网络，且已展开了想象的翅膀。

# F2. 感知方面

大多数老派人工智能理论家认为，通过来自传感器的输入识别或解析世界的感知，在概念上比模拟或创造"真正的智能"要简单。毕竟，用笛卡儿的话说，"纯粹的野兽"在该方面做得很好，某些情况下甚至比人类做得还要好。此外，老派人工智能的本体论假设（C4，也就是下面所讲的本体论方面）认为世界是由清楚明白的对象组成的，这些对象体现各种明确的属性，而感知仅涉及确定什么对象"在那里"，显示了什么属性，属于什么类型或类别等。但事实并非如此。第一波人工智能的实际经验告诉了我们，现实世界的感知有多么困难，让人难免心存敬畏。

第一次将数码照相机连接到计算机上时，人们大吃一惊、目瞪口呆。毕竟当时是 20 世纪 70 年代初，用电子技术代替胶片的想法尚未普及（1961 年卫星上天的壮举才为世人所知；数码照相机直到 1975 年才被投放市场，正是老派人工智能逐渐结束一家独大的时候）。为什么人们会感到吃惊呢？因为通过传感器接收到的东西正如一团乱麻。原来人们所认为的由简单、直接的对象组成的现实世界其实是意识所收到的结果。这些结果是由运行着 1 000 亿个神经元并有 100 万亿个神经互联的高度敏感、精密调谐的感知器官产生的，而这个高度互联的器官则是经过超过 5 亿年的进化才得到的结果。图 3.1 是工作坊中的艺术家亚当·洛，看起来一切都挺平常的；图 3.2 是该艺术家曾经为人类（视觉）观察者所做的一幅渲染图，展示了他所认为的现实世界是什么样的，也就是说，这是一幅经过人类感知处理后的图像，让我们大致了解人类处理之前的世界的样子。

图 3.1　工作中的艺术家，亚当·洛

资料来源：Otto Lowe，2018.

图 3.2　亚当·洛，CR29，有电话的工作室（1993 年）

资料来源：本图来自阿德里安·库辛斯的收藏，曾被用在拙作《对象的起源》第十章。

笛卡儿并不愚蠢，他对理性的标准远远超出人们的一般认识。但历史表明，笛卡儿并没有充分意识到，睁开眼睛看到一棵树是一个多么了不起的感知成就。

## F3. 认识论方面

在老派人工智能模型上，思维和智能由建立在理性的逻辑推理模型之上的步骤组成。正如德雷福斯一再坚持且为众多认知理论家所强调的那样 ①，在许多情况下，更为准确的描述是，智能其实是一种巧妙的应对或导航技巧，即被"抛"进我们所嵌入和卷入的个人和社会交往中。他们认为，即使是思考，也不是由一系列易于理解的步骤组成，而是从一个无意识的背景中产生的，来自无法言传的知识和意义构建的疆域。

## F4. 本体论方面

关于感知的误解，也许还有关于思维的误解，暴露出第一波人工智能失败的更深层次原因：包括业已提到的 C4 在内的假设，以世界从本体论上被整齐地分割为所谓的离散对象。

---

① 例如，Joseph Weizenbaum, *Computer Power and Human Reason：From Judgment to Calculation*（New York：W. H. Freeman and Company, 1976）; Lucy Suchman, *Human-Machine Reconfigurations：Plans and Situated Actions*（Cambridge：Cambridge University Press, 2007）; Humberto Maturana and Francisco Varela, *Autopoiesis and Cognition：The Realization of the Living*（Dordrecht：Reidel, 1980）; Terry Winograd and Fernando Flores, *Understanding Computers and Cognition：A New Foundation for Design*（Norwood, MA：Ablex Publishing, 1986）; Eleanor Rosch, Francisco Varela, and Evan Thompson, *The Embodied Mind*（Cambridge, MA：MIT Press, 1991）; Evan Thompson and Francisco Varela, "Radical Embodiment：Neural Dynamics and Consciousness," *Trends in Cognitive Sciences* 5, no. 10（2001）：418–425； 以及 Daniel Hutto, "Knowing What? Radical Versus Conservative Enactivism," *Phenomenology and the Cognitive Sciences* 4, no. 4（2005）：389–405。

事实上，本书的主要论点之一是，第一波人工智能最终的失败，根源于它对于世界在本体论上的形式化的误解。在第六章中，我将讨论第二波人工智能的成功，并以之反观形式化本体论无论是作为智能的基础，还是作为世界实际是什么样子的模型[①]，都是不足的。

在这四个方面中，本体论方面的问题最为深刻。本体论方面的问题不光带来感知和认识论方面的困难，而且只有足够理解本体论问题，才能理解第二波人工智能是如何以及为什么在解释世界方面或多或少地取得了一些进展，尤其是在感知层面上。

有几点意见与此相关度极高。

第一点是很少有老派人工智能设计师会反对的一般性论点，即使老派人工智能系统本身不能理解它。虽然该观点属于认识论范畴（与意向性有关），但它是基于潜在的本体论事实。这一意见就是，人们普遍认为世界可以用多种方式进行描述或予以概念化，正如人们常说的，在不同的层面上进行描述。

至少在所有实际目的中，都假定现实本身异常丰富。围绕

---

① 在第七章中，我认为要保留老派人工智能的优点，需要把它的那些洞见与这样一个假设剥离开来，即假设老派人工智能的洞见只能从形式化本体论的角度来理解，而且也只独特地适用于一个充分体现形式化本体论特征的世界。

所谓的现实，任何本体论的解析只提供部分信息。通过抽象化或理想化的表征、描述、模型等方式解释、图示和过滤世界，概念性的"画面"会对某些方面进行强调或特别指出，而对其他方面则是暗示或弱化（甚至是扭曲），并忽略或抽离现实世界潜在的无限丰富性。①

　　这种司空见惯的现象在概念化的结构的表征中最为显而易见，不仅包括逻辑中的那种命题结构（谓词、合取、析取、否定、蕴含、量词等），还包括其他一些表征世界的形式，概念结构根据预先确定的对象、类型、属性等描述世界，例如那些在 CAD（计算机辅助设计）、建筑蓝图、数据库等系统中使用的表征。②

---

① 　一些哲学领域的读者可能会表示反对，"对象"至少指的是"无损的对象"，也就是说，指的是对象本身，因此没有强加一个概念框架的痕迹。现在我想指出，只有当对象之为对象（即具有确定的同一性条件）是独立于其被当作对象时，该说法才成立，但我却对该标准的现实主义立场持保留意见。参见《对象的起源》。

② 　埃文斯（加雷斯·埃文斯，《指称的多样性》，牛津大学出版社，1982）将该概念与其所谓的"一般性条件"联系起来，要求系统能够接受一个"想法"或表征，即能接受 a 是 f，就必须能够接受 b 是 f、c 是 f 等，也必须能够接受对于任何指称的 b、c 等代表其他的对象，而且能够接受 a 是 g、a 是 h 等，就能够接受对于任何谓词 g、h 等用以表示其他的属性（在适当的类型限制下）。这种关于概念性的理解，是下面关于非概念性的讨论的基础。这种对非概念性的理解并非麦克道威尔所批判的（见 John McDowell, *Mind and World*, Cambridge, MA : Harvard University Press, 1996 中的第三讲）。

## 非概念性内容

"非概念性内容"是一个哲学术语，用来解释一个其实非常显然的事实，即人类有能力思考和做出判断，这些思考和判断是植根于世界的样子的，是有对有错的，但却并不是用一组离散的可表达出来的概念来框定的。经典的例子包括一个人骑自行车的速度，物品在以自我为中心的个人空间中的位置，以及颜色的深浅等。阿德里安·库辛斯是这一概念的早期理论家。他有一次骑摩托车超速被警察拦下时，警察问他是否知道骑行速度有多快，他回答说："在某些方面知道，在某些方面不知道。"埃文斯在麻省理工学院 1978 年的研讨班上讲了一个例子：当他在书房里工作的时候，身后一步之处，某种意义上，他当时精确地知道那个位置，但无法精确地用公共概念来描述该位置，即英尺、角度数以及其他类似的东西[1]。类似的，如果你打网球的时候第二发总是有问题，那么告诉你说你击球的速度需要跟你办公室里复印机吐出纸张的速度一样快，是于事无补的。

---

[1] 见加雷斯·埃文斯，《指称的多样性》第 105 页。

大多数模拟表征的情况是一样的（所谓模拟表征，就是以表征媒介中相似的实值量来表征被表征的领域，即待解问题的领域里面的连续量），因为在这些情况下，属性到属性的对应通常被假定为在更高的抽象级别上具备离散特性。[1]

第二点，也属于传统的认识论范畴。正如前面本体论方面所指出的，许多领域的理论家都强调并非人类所有的理解都依靠"概念性"的形式。这一点在现象学理论中最为常见，但在认知科学的几个当代学派中也提出了类似的观点，包括行动主义（enactivism）、连接主义和深度学习。分析哲学的"非概念性内容"的概念也体现了类似的直觉。此类方法都认为，智能是在一种无意识的背景下出现的，正如我在前面所说的，是在一个无法言说的默示知识和意义所构建的疆域内出现的。

连同前面所提出的感知方面的观点，这些观点为我在别处勾画的本体论世界观提供了间接的支持。[2] 图 3.3、图 3.4、图

---

[1]　正如模拟计算机所示，用离散的性质和关系来描述一种情况并不意味着该属性的值必须是离散的。微分学在经典物理中的应用是完全概念性的，因此，任何给定的速度、加速度、质量都可以用实数来测量。更为重要的是，速度、加速度、质量等性质是离散的。尽管我们也可以用高阶离散分类概念阐述这类事物，但其实根本没有所谓的"介于质量和电荷之间"的事物（John Haugeland, "Analog and Analog," *Philosophical Topics* 12, no. 1, 1981, 213–225）。

[2]　见《对象的起源》。

3.5 为这种世界观提供了一个隐喻。图 3.3 是安大略乔治亚湾一些岛屿的照片。我们已经可以看到，现实世界的地形并不能兼容老派人工智能假定的、精确的本体注记方式。图 3.4 [①] 以类似老派人工智能的知识表征方式简化了画面。尽管图 3.4 仍然有很多细节，但是岛屿都呈现得清晰而明确，且内部同质，符合概念模型（如数据库）最后会假设的那种方式。虽然"有多少岛屿"这一问题在图 3.4 中可能存在一个确定的答案，但在图 3.3 所描述的世界中并非如此。由此可见，随着现实性的提高，概念区分度逐渐消失，就世界本身而言，"有多少岛屿"这一问题缺乏一个确定的答案。

---

① 图 3.4 的设计很简单，创建它所需的过滤器也不具有特别高的粒度水平。人们可以构建一个图像，在其中对大量细节进行编码。例如，目前数字 GIS（地理信息系统）的实践就是这样。但概念上的要点仍然是：第一波人工智能中的任何知识表征结构都是根据特定的粒度级别制定的；该表征把世界"个体化"在一个特定的层次上，并就此打住。在图 3.4 中，就像在所有概念性表征中一样，有一个关于岛屿数量及其准确边界在哪里等确定事实。人们不可能通过研究这些岛屿的表征来了解更多的细节（这就是德雷茨克关于"数字"表征与"模拟"表征之间的不同的非标准说法；参考其著作《知识和信息流》，麻省理工学院出版社，1981 年）。鉴于胶片的最终粒度，有人可能会说同样的道理也适用于摄影（甚至是模拟摄影）。然而，至关重要的是，该图像所表征的现实却并不是这样的。世界本身可以有任意多的细节。

图 3.3<sup>①</sup>　安大略乔治亚湾岛屿照片

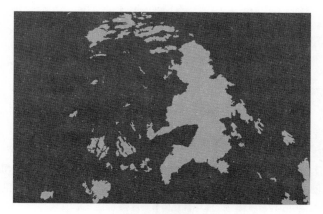

图 3.4　简化后的安大略乔治亚湾岛屿照片

---

① 本图为图 3.5 的掩模版本。

图 3.5　显示水下地形的安大略乔治亚湾岛屿照片

资料来源：保罗·班尼特。

　　然而，更有说服力的是图 3.5。图 3.5 与图 3.3 是相同的照片图像，只是其显示了水下地形。与实际世界中的杂乱相比，该图像呈现出来的内容依然比较简单：垂直方向的变化压缩到了平面中，水域的边线相对明显，图像是灰度的等。然而，如果把图像中的岛屿作为属性的类比，那么图像就表明了一个事实：人们对细节的要求越高，可能的区分就会越多，甚至可以无限多。

******

　　换句话说，尽管我们的概念与概念所表征的属性之间似乎是离散的，老派人工智能的失败及其所受到的批评表明，"清晰而明确"世界的观念是其表征方式的人工产物。人工智能面临的问题是，为了在现实世界中发挥作用，它需要能够处理实际意义上的现实，而不是我们所认为的现实，准确地讲，不是我们的思想或语言所表征的现实。我们构建合成系统并日益增加了部署现实世界的经验，这就给了我们充分的理由认为，"在概念的层次之下"，即在概念性表征的对象和属性的层次之下，世界本身就被任意且紧密结合在一起的细节所渗透。这不仅因为我们的概念有时有模糊或不明确的界限，还因为世界本身并不是清晰明确的。例如一个吵闹的孩子与一个喧哗的孩子是相同还是不同——与一个吵闹的CEO（首席执行官）呢？如果我们正在攀登加拿大最高的山峰群，然后发现100米外还有一座局部最高的山峰，我们是否还需要去攀登？一片"雾"在哪里结束，另一片"雾"又在哪里开始？现实不会告诉我们。如果我们想要"清晰而明确"的答案，就需要对这一现实使用强加的概念框架。

这些洞见对人工智能意味着什么？认识到现实的本质，如图3.5所示，之后会发生什么？智能造物以符合自身目标的方式从本体论上对无比丰富的世界整体加以"解析"意味着什么？

一些技术上的后果将在第五章中讨论。不过，总体而言，这意味着人工智能需要被纳入过去 50 年里最为深刻的思想领悟之一，参与到包括社会构建主义、量子力学、心理学和人类学对文化多样性的研究等多个领域：认识到，把世界视作由离散的、可理解的中尺度对象组成的，这其实是智能的成就，而非智能运行的前提。人工智能需要解释对象、属性和关系，并以此来解释各种造物发现世界可理解的能力，而不能预设对象、属性和关系。①

我们如何注记这个世界？正如我所说的，在本体论上以可理解的方式回答这个问题是帮助我们完成项目和实践的智能所面临的最重要的任务。② 我将在后面的章节中更详细地进行描述，开发适当的注记能力不仅能够"吸收我们感官所感知到的东西"（这远远不够），而且能够发展出一个对存在于这个世界而言负责任且可靠的完整的集成图景。我们不仅要找到一个合适的注记框架③，以适合局部项目的方式"适配"世界，而且要高度警觉对事实的调整必然会导致注记中增加一些并非无关紧要的、理想化的东西，例如，明确边界、建立身份、重视一

---

① 用哲学的术语来说，本体论也需要自然化。

② 参见《对象的起源》和第二章提到的 *Rehabilitating Representation*。

③ 该过程有时被描述为识别适当的"描述层次"或"抽象层次"（有时甚至是"粗粒度化"），但是关于"层次"的比喻可能会引起误解。

些规则性而轻视其他一些东西 ①、忽略细节。一般化地强推理想化，并由此不可避免地对提供支撑的丰富性施加暴力。在老派人工智能中从未设想过的注记所需要的管理和问责过程其实是智能的本质。②

\*\*\*\*\*\*

有人会说老派人工智能误解了认知，但正如前面的讨论所表明的，我认为更深层次的问题是老派人工智能误解了现实世界。为什么会这样呢？有一点涉及一个微妙的问题，它给所有关于人工智能系统与现实世界互动的讨论都带来了麻烦。

## 常识

在我看来，老派人工智能的本体论假定、对注记的细微差别视而不见，以及对世界丰富程度的认识不足，是常识方面的表现令人失望的主要原因。在这方面早期的臭名昭著的例子包括建议通过煮沸肾脏来治疗被感染的身体系

---

① 也就是说，让我们能够注记规则性的形而上保障。
② 我认为，老派人工智能无法在常识上取得进展的主要原因是未能想象，从而未能着手解决此类问题。

统，以及将雪佛兰汽车上的红色斑点归因于麻疹。[1]

　　在对这类不足的最初回应中，最著名的是CYC项目。[2]它是一种双管齐下的模式：首先用逻辑表征的方式对所有能够在百科全书中找到的常识进行编码，然后再对百科全书以外的常识进行编码。尽管这些项目，以及第一波人工智能所涉及的更广泛的"常识推理"项目，仍存在于某些领域，但作为常识推理者的基础模型，已经在很大程度上淡出了人们的视线。这些项目仍存在于谷歌的"知识图谱"结构中，该结构用于组织和提供在搜索引擎中查询简短的答案。值得注意的是，此类搜索结果是通过人类智能解读的片段，而非机器自身智能的基础。[3]

对世界的两个视角或注记方式与人工智能系统的设计和分析有关，或者实际上与任何意向性系统（包括人）有关。一是设计师和理论家对世界的注记，因为他们将在这个世界里构建并部署系统，或者在这个世界里分析某一个系统或造物。也就

---

[1]　Hamid Ekbia, *Artificial Dreams*（Cambridge：Cambridge University Press，2008），96–97.

[2]　参见 CYC 项目官方网站 http://www.cyc.com。

[3]　参见本人 "The Owl and the Electric Encyclopaedia," *Artificial Intelligence* 47（1991）：251–288。

是说，理论家或设计师希望他们注记世界，也是他们所分析或者设计的系统能够理解、对付和恰当地在其中活动的。二是系统自身对这个世界的注记，该注记可能会导致系统以自己的方式表现和处理现实世界。这两份注记并不一定会保持一致。如下所述，老派人工智能对世界的误解是：因为第一波人工智能和老派人工智能对构建智能系统的主题采取了一种技术科学的态度，并根据因果关系或机械成分的形式化构想来分析它[①]，而且因为系统根本没有处理注记的现象，所以它们可能只是简单地认为，智能可以构建在一个对其自己的世界持有技术科学态度的系统中。

但事实并非如此。

## 理论家的注记与主体的注记的对比

在对意向系统进行理论化时出现的一个问题涉及下面两者的关系：理论家对问题系统所指向的世界的注记，以及该系统以自身理解世界的方式对世界的注记。用 T、S、W 分别代表理论家、被研究的系统和世界或任务域。如图 3.6 所示。如果 T 是一个简单的现实主义者，将 W

---

① 例如，根据塞勒斯所说的"科学"图像来分析它，而不是根据建模的系统可能使用的明显图像。

简单地视为"就是人们所看到的这样"，那么 T 所关注的问题就很简单了：T 可以"正确地"描述 W，或者至少是 S 所处理的那些方面，并假设 S 确实或者应该如此。

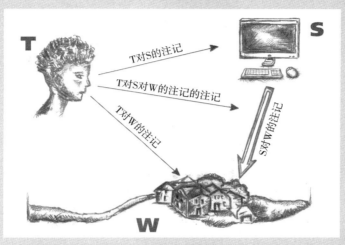

图 3.6　理论家的注记与主体的注记

　　然而，我们不仅必须公正地对待人工智能，也必须更一般性且公正地对待世界和意向性。如此一来，如果 T 假设 S 的注记与自身的注记相匹配，那么最好的情况是预设性写入，最坏的情况则根本就是错误。T 的注记可能适合 S 在非语义方面与世界进行的交互，即充分理解 S 与 W 的因果交互作用（不过，这些因果交互作用，仍然还需要与 S 的意向性注记相协调，比如作为 S 的行动规划所要求的满足性条件）。例如，动态系统描述认知行为的一个备受吹捧的特点就是，其能够以动态系统理论所要求的微分方程的形式将主体与世界的关系理论化。

然而，当涉及 S 和 W 之间的意向或语义关系时，情况就变得更加复杂了，如图 3.6 所示，有三个（相关的）问题需要解决：一是 T 如何注记 W，二是 S 如何注记 W，三是 T 如何注记 S 对 W 的注记。

虽然此处并未对此类注记如何能够相互结合或适当协调进行详细的技术分析，但可以提出一些意见。在某种程度上，如果 T 的注记和 S 的注记相一致，那就不是什么问题。真正具有挑战性的是，我们没有理由认为 T 一定能够"理解"S 是如何注记 W 的，不管 T 怎样努力地试图理解。这类似于了解一种外国文化或外来物种。

人们可能会认为理解人类智能是前一种情况的案例之一，因此会认为其比较简单，但这正是正文里提到的问题出现的地方。如果 T 对 S 的理论、S 的意向性、S 如何感知和思考世界等都持有一种科学或技术的理论态度，那么 T 对 W 的注记很可能是科学的，是从形式化本体论的角度来处理的，即离散的对象，这些对象具有明确的属性且处在明确的关系中，等等。除非 T 是在理论上说明 S 如何当一名科学家，否则 T 对 W 的科学注记和对 S 的非科学注记就很有可能被分离。

这些讨论说明了一种理解第一波人工智能和老派人工智能是如何"误解了本体"的方式。很容易看出，鉴于老派人工智能对注记总体是盲目的，就会做出一个隐含的假设，即初级智能可以由老派人工智能研究人员对 W 的科学或技术态度来形成。老派人工智能可能已经在本体论层面失败了，因为它将自己默认的理论态度投射到了 S。

我认为这是《对象的起源》中所描述的形而上学立场的结果，即在此基础之上，不可能构建出对世界尊崇或负责任的注记能力。

THE
PROMISE
OF
ARTIFICIAL INTELLIGENCE
Reckoning and Judgment

# 第四章

# 转换：两波人工智能之间的一些重要思想

所以老派人工智能失败了。从 1980 年前后开始流行起各种各样的新方法。一方面，将注意力"向下"转移到大脑和脑式计算架构上，该内容将在下一章中讨论。这种架构方法是人工智能一头倒向机器学习和第二波人工智能的基础。它的发展与认知神经科学的爆炸性增长齐头并进。另一方面，认知神经科学现在可以说是认知科学中最重要的领域。这两个项目在某种程度上抓住了人工智能和认知科学的想象力。

然而，在第二波人工智能兴起之前，其他四种"拓宽型的"特点也引起了人们的重视：

**具身性的**（embodied）：认真对待身体。

**嵌入式的**（embedded）：认真对待置身的情景。

**扩展型的（extended）**：也许心灵不只存在于大脑中，甚至不只存在于具备身体的大脑中，而是延伸到环境中（个人和社会都会安排和构建环境，从而成为一种"认知脚手架"的形式）。

**行动派的（enactive）**：不要把思维与全身心地参与和行动分开。

具身性的论点不仅涉及对有机体的整个身体（四肢、躯干等）的考虑，而且将活动视为智能和认知技能（例如感知和导航）的组成部分，但它也关注大脑或处理单元的物理属性和限制（如热量、能量使用等）。

在 20 世纪八九十年代，这些方向得到了有力捍卫，尽管该时期甚至有着"人工智能寒冬"之称。这一术语仅描述人工智能融资环境，并不是对知识本身发展步伐的评论，虽然这与老派人工智能未能达到预期目的有关。这四种特点最初在认知科学领域被提倡，并在人工智能领域取得了一些卓越的成就，继而获得了一些支持。软件工程领域尚未接受这四种特点，但如果清晰地表述出来，则可能会得到该领域许多成员的认可，只要计算机的"身体"被理解为像 CPU 和直接关联的内存硬件，或者至少被理解为"本地机器"。当然，这四种特点的整体意义还体现在不断快速扩张的全球计算基础设施网络上（例如，被广泛宣传的"物联网")。

我同意人类智能具有具身性、嵌入式、(某种程度上的)扩展型和(经常)行动派等特点,且这四种特点都是认知科学考虑的关键因素。但我认为老派人工智能失败的原因与它未能解决的这些问题相比其实更为深刻。

简言之,原因有三。第一种原因已经提出,即老派人工智能对形式本体论的僵化观点。第二种原因与第二章提到的语义的非有效性有关(P4),即对世界的指称、表征和语义关系是没有直接因果的,因此不能从我所谓的"卷席机制主义"的角度"看出来"。第三种原因是我们未能认识到将我们的思想、表征和信息视为关涉世界的重要性。我们需要了解"世界之为世界"的条件,即这个世界是什么,让某物对其置身其中、对其客居世界之中负责是什么意思。

THE
PROMISE
OF
ARTIFICIAL INTELLIGENCE
Reckoning and Judgment

# 第五章

# 机器学习

从过去快进到当前，让我们来看看深度学习和相关的机器学习技术，这些技术与第二波人工智能息息相关。[①] 吸取了老派人工智能的教训，这些系统业已在神经和知觉方面取得了长足进步。而且已经开始在本体论和认识论方面发出挑战，尽管还未完全拥抱这些挑战。

机器学习本质上是一套用于以下目的的统计技术：

---

[①] 尽管"机器学习"一词是在第一波人工智能中开始使用的，但我还是要在这里使用它，它在当代的意义不仅指深度学习算法，还指各种后续技术，包括深度强化学习、卷积神经网络，以及其他复杂图结构上的统计计算技术。关于深度学习，参见 Yann LeCun, Yoshua Bengio, and Geoffrey Hinton, "Deep Learning," *Nature* 521, no. 7553（2015）: 436–444。

1. 模式的统计分类和预测

2. 基于样本数据 （通常有很多）

3. 使用互连的处理器结构

4. 多层排列

　　这些技术在通常被称为"神经网络"的架构中实现，因为它们的拓扑结构与大脑在神经层次上的组织方式相似。图 5.1 展示了一种通常的描述机器学习的方式，但更好地理解现代机器学习的方法应该基于以下四个事实。

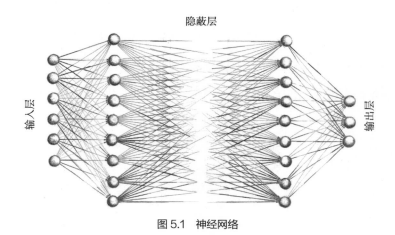

图 5.1　神经网络

资料来源：桑德拉·达尼洛维奇。

# D1. 相关性

正如我们所看到的，建立第一代（老派人工智能）系统是为了考虑和探索将符号化表达的离散命题作为形式符号的结果，这种形式符号按照假定的形式本体表征对象、属性和关系。基于这个模型，理性和智能[1]被认为是深度的、多步骤的推理，由一个串行过程指挥，并由一个或几个线程组成，使用少量的信息，由少量的强相关变量来表达信息。标准逻辑连接词，如非（¬）、合取（∧）、析取（∨）、蕴含（⊃）等，以及过程和类定义等，可以理解为 100% 正相关和负相关的各种形式。这个模型在形式本体论的经典假设下是有意义的，特别是在笛卡儿所要求的"清晰明确的概念"的控制下。

如下文所述，现代的机器学习模式本质上与之前的老派人工智能模式背道而驰，现代的机器学习模式由浅（少步）推理组成，使用大量信息的大规模并行处理，并涉及大量弱相关变量。此外，与之前的"探索这种相关性的后果"相比，现代的机器学习模式的优势在于学习和再现输入和输出之间的映射关

---

[1] 或者思想、认知，正如前面所指出的，当时并没有加以区分。

系。这些映射应该被理解为把机器中的因果模式（作为未加解释的机制模式）关联起来，还是应该被理解为世界的状况的复杂表征（视为被解释了的），是我们需要研究的问题之一。虽然那些关键的概率总是根据所表征的东西进行理解，但大多数文献似乎是根据机制结构来讨论这个问题的。

## 老派人工智能与机器学习

要理解老派人工智能和机器学习之间的区别，最简洁的方法是在五个概念轴上分别表述它们的对立立场。

### 老派人工智能

1. 深（多步）推理

2. 采用串行过程

3. 少量信息

4. 涉及的变量数相对较少

5. 强相关变量

### 机器学习

1. 浅（少步）推理

2. 使用大规模并行处理

3. 海量信息

4. 涉及的变量数相对较多

5. 弱相关变量

所谓的"人脸识别"被广泛吹捧为机器学习的成功范例。但是，与许多其他被不加批判地应用于计算系统的术语一样，"识别"这个术语过分夸大了正在发生的事情。我们应该将"识别"准确地描述为对机器学习系统所学习的人脸图像和名字或其他与人脸相关的信息之间的映射。人类通常知道这些名字的指称物，能认出这张照片即某人的照片，所以我们可以用这个系统来"识别"这些是谁的照片。[①]

为谨慎起见，我将使用引号标记我们通常应用于计算机的术语，假如该术语依赖于我们对动作或结构的语义解释，而不是依赖于系统自身已有的理解或拥有的能力，比如图像或人脸"识别"、算法"决策"等（也许我们甚至应该说"计算"7 与 13 的和，不过那需要来日再议了）。

# D2. 学习

也许机器学习系统最重要的特性是它们可以被训练。使用贝叶斯和其他形式的统计推断能够实现我所说的"学习"。这

---

[①] 如果把这种能力植入照相机，人们可能会说，至少照相机是在计算真人及其相关信息之间的映射。但是，系统与其他信息相关联的是视线中的人，还是这个人在照相机的数字传感器上的表征这一问题一直悬而未决。

一能力是人工智能的一个"圣杯",而经典的第一代模型既没能提供相关的洞见,也没能提供相关的能力。

几个实际架构对提高机器学习系统接受训练的能力来说至关重要。相对低层次但极其丰富的搜索空间的复杂性,在结构上表现为高维实值向量,使它们——如果有足够的计算能力(见下面 D4. 计算能力部分)——能够使用在低维空间中不成功的优化和搜索策略(特别是爬山算法)。[①] 同样重要的是,我们不需要在相关的抽象层次上对相关的空间离散分块,我们允许在状态内部以及状态之间存在渐进的增量转换,这跟概念要保持"清晰而明确"的那种期望在认识论上是背道而驰的。[②]

打个比方,我们可以把这些过程想象成在第三章图 3.5 所描述的水下地形上不断移动的过程,这就使得它们"浮出水面"的能力变得不那么神秘了,因为我们这些语言观察者认为

---

① 搜索空间的维数越高,即自变量的数量越多,爬山算法(沿着局部最陡斜率向上的策略)遇到局部极大值的可能性就越小。

② 人们一直不清楚笛卡儿模型是如何适应信念或概念意义的逐渐变化的,除非是对特定的离散事实进行过于生硬的添加或删除。在老派人工智能假设下进行了可评估的努力,包括传统的非单调推理和信念的修正与维持。参见 Jon Doyle, "A Truth Maintenance System," *Artificial Intelligence* 12, no. 3(1979):231–272;以及 Peter Gärdenfors, ed., *Belief Revision*(Cambridge:Cambridge University Press, 2003)。但公平地说,学习仍然是第一波人工智能的"阿喀琉斯之踵"。

它们是"离散的概念岛屿"。这并不是说概念 / 非概念的界限完全分明。露出水面的地表能否被称为一座岛屿（无论它是否达到"概念上"的高度）都不太可能存在一个确定的答案。在传统哲学中，这样的问题被称为"模糊的问题"，但我认为这个标签大错特错。无论是在现实世界中，还是在这些高维的表象中，"现实"都比在清晰而明确的概念的理想世界中更"言之有物"，且可以被更加丰富和详细地捕捉到。（图 3.5 的水下地形结构一点也不模糊，它只是超越了现成概念所能描述的范围。）

## D3. 大数据

机器学习系统经过训练后，可以对有限复杂的输入做出反应（尽管通常仍然相当复杂，比如一部数码照相机拍摄一张图像要使用数兆字节的数据）。然而，至少在目前的技术水平下，训练这些系统需要数量更为庞大的数据。这就是为什么机器学习目前是一种"后大数据"发展；训练包括对大量信息分类、筛选和分割的算法，以及从大量的细节中挑选出统计规律。[①]

① 人类也可能需要大量的初始训练集，这个想法是为了建立后续识别和处理所需的初始先验概率，对婴儿来说，童年早期可能是一段很长的训练序列。

# D4. 计算能力

训练算法需要惊人的计算能力。[1] 目前使用的一些系统利用了 GPU（图形处理单元）阵列的并行处理能力，每一个 GPU 都能以千兆赫的速度处理数千个并行线程。

后面两点具有重要的历史意义。正如杰弗里·欣顿所说[2]，它们反映了 1973 年著名的莱特希尔报告[3] 中的真相。该报告给第一波人工智能可能会大规模产生真正的智能的想法泼了冷水。不只是说其思想基础的局限性，单单考虑到当时可用的计算能力，第一波人工智能确实注定会失败。老派人工智能开发[4] 所用到的价值百万美元、装满整个房间的计算机的处理能力还不如智能手机的百万分之一；现在的并行处理视频卡可以将这种能力扩展到数百或数千倍。

但人工智能技术仍在发展。层出不穷的点子，海量的采集数据，以及从根本上改进了的硬件，使得机器学习的结果令人

---

[1]　在本书写作的当下尤其如此。

[2]　杰弗里·欣顿的个人交流，2018。

[3]　James Lighthill，"Artificial Intelligence : A General Survey" in *Artificial Intelligence : A Paper Symposium*, Science Research Council, 1973.

[4]　主要是数字设备公司的 PDP 6 和 PDP10。

刮目相看。当前正在开发的循环神经网络、深度强化网络和其他架构，以处理时间问题，并将过程中后期阶段的反馈回溯到早期阶段等。几乎每天都有新的成果被发表，如机器"翻译"[①]、X光片"阅读"、填充图像删除部分等。当然，人工智能研究人员变得比过去50年更加兴奋和乐观；而令人兴奋的可不仅仅是媒体。我非常认可这些发展预示着社会性质和人类的自我认识将发生深刻的变化。

但这并不意味着我们已经理解了思维的本质。

---

① 令人印象深刻的是谷歌翻译，尤其是当两种语言在语言学的特点上相似，且它们的注记模式也相似时。随着这些相似性的降低，翻译的质量也就越低。

THE
PROMISE
OF
ARTIFICIAL INTELLIGENCE
Reckoning and Judgment

第六章

# 评估：第二波人工智能的成就与局限

机器学习和第二波人工智能如何处理针对老派人工智能的四大批评？

## 1. 神经学方面

对神经学方面批评的回应或许已经比较充分了。受已知低级神经组织的启发，现代机器学习架构在一定程度上是对大脑的模拟。然而，正如第三章所指出的，我们对该架构相似性的重要程度还不是很清楚。首先，如果认为正是我们的一般神经结构对于大脑的认知能力来说是关键，那么此时下定论还为时过早，因为所有高等哺乳动物都共享该类型结构。然而，这正是当前架构所模拟的对象。其次，程序员很清楚，把一种架构建立在另一种架构之上几乎轻而易举，但要以牺牲性能为代价。尽管进化出直接进行低级神经回路层面的架构映射听起来不大可能发生，但那些更高层次的推理形式，且（到目前为止）是人类独有的能力，似乎并不是通过一个简单的、一般性的结构就能得到的结果。最后，我们大脑的工作方式是否为获得通用智能的唯一途径，甚至是最佳途径，这一点无人知晓。[①]

然而，机器学习架构的并行性，及其处理概率网络的统计能力，可能将具有更为深远的意义，特别是在感知层面。（不过，有点反讽意味的是，目前，机器学习系统需要大的算力来满足训练需求，因为任何神经学意义上比较现实的机制都必然是缓慢的。[②]）

## 2. 知觉方面

关于知觉方面的批评，机器学习系统的回应似乎也是比较切中要害的。例如，其在人脸"识别"任务上令人印象深刻的

---

[①] 如果正如事实可能证明的那样，世界的本体论结构要求用大规模并行网络进行解释，那么人工智能拥有这样的架构就有充分的理由了。不过在这种情况下，符合逻辑的结论是人工智能和大脑出于相同的原因而具有架构相似性，而非人工智能需要模拟大脑本身。

[②] 参见第三章第 30 页脚注①中对费尔德曼的"100 步规则"的讨论。

表现就很能说明问题。此外，如我一直所说，本课题既关乎本体，亦关乎架构。根据我们目前最佳的理解，面孔之所以各不相同，原因在于其范围内存在大量复杂的弱相关变化（这正是机器学习架构擅长处理的那种特征），而不只有少数粗放的特征。[①] 一般来说，场景的视觉"识别"、X 光片"阅读"、人声识别等相关任务是机器学习最擅长的任务类型。[②] 该领域所取得的成功也成为推动第二波人工智能的重要部分。

不过，仅凭此类结果就得出全面结论仍然为时尚早。图像上对于人类而言的一些微不足道的变化就可以轻松击败诸多机器学习图像识别算法，仅举此例就足以发人深省。[③] 我将在下

---

① 有人可能会想，是否有少数特征就足以支持人脸识别了，只是这些特征尚未被理论家所发现，哪怕识别这些特征正是成功的机器学习系统当前所做的。但是，如果采用机器学习类型的架构来从面部反射的物理光构型的记录中提取该类特征，则是否存在这样的少数特征也无关痛痒了。

② 哪怕是考虑到我们的标准警告：称这样的成就为"识别"，可能是一种成问题的速记，表示这些系统能够学习和重复个体的实体图像和与之相关的其他计算结构之间的映射。

③ 要了解这种所谓的"对抗"样本，请参见例如 Athalye et al., "Synthesizing Robust Adversarial Examples," *Proceedings of the 35th International Conference on Machine Learning*（Stockholm, Sweden, PMLR 80, 2018）。事实上，如本书一直在论述的，这些对抗样本的存在表明，如果真正的感知能力需要能够通过图像了解到与图像相关的远端情形，当代的系统实际上可能根本不具备这种感知能力，而是在做类似于简单的图像模式匹配，我们将其解释为具备感知能力是言过其实的。也就是说，这充其量是一种"感知"。

一章中论述具体原因。

## 3. 本体论方面 [①]

本体论方面的问题就棘手多了（我很快会考虑认识论方面的批评）。机器学习并不采纳任何特定的本体论理论，所以只能得出间接结论。此外，正如人们已经提到的那样，关于第二波人工智能的讨论通常集中在"未解释的"内部构型（权重模式、激活强度、变换等），这就掩盖了对此类构型所表征的世界本质所做的一切假设。而且，对世界本质的看法往往也是因人而异。另外，研究毫不停歇的持续推进也使机器学习成为一个不稳定的分析目标。不过，现在要说第二波人工智能的成功为本体论批判本身和第三章所介绍的形而上学观点提供了证据支持的话，可以说是时机成熟了。

---

① 从一开始我就清楚地表明，我所使用的"本体论"这个词是在其经典意义上，即它是关于现实和存在的本质的形而上学的一个分支，也就是说，它是"世界上存在的东西"的一个粗略的同义词。（我把从技术角度上对于存在之物与研究存在的本体论之间的关系推迟到另一个场合去讲。）在许多其他情况下，术语"本体"不幸被重新定义，在当代计算语境中，它指的是表征现实的结构：类别、数据结构类型、概念等，由此构造出诸如"创建本体"和"本体工程"等否则难以理解的术语。在这里，我所感兴趣的是世界本身，我把关于它的表征的问题推迟到对认识论的考虑。

在感知和行动领域，机器学习已经突破了形式本体论的限制，并涉及第三章图 3.5 中所提到的"亚概念"领域。当输入直接从低级传感器（视觉像素、触觉信号等）获得数据时，机器学习系统已经大大超越了老派人工智能的水平，甚至达到了可以与人类表现一决高下的程度。该状态是由多重因素促成的，包括连续的、允许增量的调整和训练的权重模式，以及用以"编码"各种微妙并且存在细微差别的足够高的维度。[1] 由此产生的系统格外令人印象深刻，原因在于其不被中间的情况所打败，在于其容忍数据的噪声和面对歧义的鲁棒性（当然，还有系统是可训练的），所有此类能力均依赖于这样一个事实，即在初始时不需要进行输入分类和离散化。

在某种程度上，当代系统的成就不仅源于其所面向的大量的亚概念细节，还源于当代系统存储和处理这些细节的能力，而不是仅在最初阶段关注一下而已，特别重要的是要将从细节中提取出的大量信息整合到激活网络中来调整权重。其吸收大量细节的能力让系统在相关感知任务上崭露头角，并在超越人

---

[1] 可以说，离散像素的值在撞击辐射阵列时施加了一个"形式"网格，这样的数值流本身并不包含一个对象，而且此类值普遍对环境高度敏感，容易受到入射光照、照相机的位置和方向，以及许多其他因素的影响，因此，数据并不真正连续。

类方面起到了至关重要的作用。

我们人类的视觉系统似乎也有能力处理数量惊人的低级视觉数据，但很难想象，一旦移除有效耦合的输入，我们仍然可以存储大量数据。然而，考虑到我们目前对大脑工作机制一无所知，所以很难对人类的信息存储做出任何明确的解释。艺术家和以视觉为导向的人对近期没有遇到的面孔和个别场景表现出惊人的识别能力。该能力表明，人类不仅具备非概念性，还具备记忆的信息密集性或结构的预见性。

尽管如此，从一个不仅对人工智能，而且对认知科学和哲学都有相当重要意义的角度来看，人们普遍认为，人类知觉的作用是接受感知输入的巨大复杂性，并输出其"概念性解析"，即对"外部"有何物的概念性解析，并以熟悉的（可表达的）本体论范畴排列，而不再"承受"随之而来的大量细节所产生的负担。人们经常假定一旦感知输入被分类，特别是在老派人工智能模型和许多（尤其是分析派的）心智哲学模型中，智能系统可以丢弃引起抽象分类的细节，而从该点开始的推理或理性分析可以纯粹地通过类别（句子、命题或分类框架的数据结构）来运作。该假设符合一个普遍的故事，即人类大脑的分类办法至少在一定程度上是一种避免信息过载的技术，是为了避免超出大脑容量而抽象化地处理信息。[①] 正如我们将看到的，此亦为笛卡儿所追求的"清晰而明确"的观念的基础。

第二波人工智能所取得的成功表明，推理不一定要以该方式工作，甚至人类本身可能就不以该方式工作。

摆脱经典的"抛弃细节"的分类方法的途径之一是避免分类。虽然我们可能会将司机归类为谨慎型、鲁莽型、善良型和急躁型，但如果对无人驾驶汽车进行分类，也许可以避免离散类别和分块，而倾向于跟踪所观察到的每辆车的行为，在有了此类数据之后，我们就可以将数据上传并在网络上分享，用以收集每辆车和每位司机的个人资料，这远远超出了人类或概念上所能掌握的范围。或者思考一个不同的例子，加拿大多伦多的初创公司 BlueDot [②] 收集世界各地的旅行路线，包括每年数十亿条航空旅行路线，以帮助跟踪和预测传染病在全球范围内的传播。传统的流行病学依赖于离散的类别或特征（中年男性、癌症患者、受虐待的幸存者等），而没有任何技术方面的

---

[①] 随着技术的进步，人们可能会想象计算机内存不会像我们的大脑内存那样容易被淹没，时间会告诉我们答案。但发人深省的是，即使在今天的技术水平下，存储所有运行中的视频摄像机的高分辨率视讯串流仍然具有挑战性。尽管如此，令人难以置信的密集计算存储（例如，基于 DNA）将使我们能够存储比目前多得多的信息。目前还不好说这将如何影响我们的环境和人工智能系统的命运。

[②] 见 BlueDot 官网。

原因阻止机器学习系统跟踪所有个人的医疗记录，并且只处理实数的大维向量，而无须划分数据。"个性化"医疗的承诺、个人DNA序列的医疗记录等，可能同样被以"深入类别之下"的方式处理，产生令人印象深刻的效果。[①]

　　即使网络确实对某些事物进行了分类（如人、十字路口、政治争端、战区等），但它无须按照传统的方式进行分类。该结构没有要求系统在"选择"相关概念分类时必须舍弃造成该结果的大量细节（这些细节可能提供保证分类正确的信息）。事实上，系统对事物进行分类的说法可能仅仅是我们作为外部观察者的陈述，即权重和激活的模式是在"区域内"的，与"人""战区"等离散标签相关联。除非系统需要在离散的分类选项中做出艰难的选择[②]，例如输出一个离散的字符，以与人类

---

① 我们对这些系统的理解存在分析上的挑战。根据概率论者的解释，传统的诊断可能措辞为"你患黑色素瘤的概率是52%"（也就是说，你所处的这个或那个群体中有52%的人患黑色素瘤），这可能不是一个合适的表达机器学习系统结论的方法。但这并不意味着概率不重要，事实上，大多数机器学习架构都是用概率来定义的，这仅仅因为系统不是在处理群体。然而，他们提出的概率诊断（或者我们从他们的计算中得出的诊断）可能需要以一种更像是确然性的认知度量的方式来解释："根据我所了解的情况，我有52%的把握确认你患有黑色素瘤。"

② 从技术上讲，我们应该用带引号的"选择"，但标记每一处可能的区别显得太过迂腐。另外，我们在描述计算机时采用了丹尼特所说的"意向立场"。我将只强调那些最重要的情况，即我们要抵制将超出合理范围的能力归于系统的倾向。

类别相对应，否则无论系统是否对某物进行了分类，其区别都不会过于明显。

此外，机器学习系统在简单推理案例中的成功表明，保留和处理从"水下"本体论视角导出的统计细节和关联可以传递相当大的推理能力（使推理至少包含部分非概念性）。正是该能力赋予了大数据时代力量。当今时代的变革之处在于，我们不仅可以接触到海量的概念表征事实，而且已经开发出了具有预测和分析能力的计算机系统，此类计算机系统能够追踪相关性，并识别大量统计细节中的模式，而无须将此类关系模式强制适应为少量的概念形式。

此类关于第二波人工智能成功的事实并不能在本体论上产生决定性的影响，因为这些事实并不提供关于世界本身状况的确凿证据。但是，此类系统发展得越成功，越有说服力的论点就是：通过清晰的概念和离散的对象来解释世界所涉及的"粗粒度化"（通过形式化本体的视角解释）是一种适合计算、推理或者口头交流的策略，而不是对应于任何事先确定的已经存在于世界中的离散化。我们说话的时候可以假定世界似乎在本体上处于离散状态；我们也可以通过这种方式进行思考。然而，似乎越来越有可能的是，该直觉[①]所反映的是语言和表达的离散性、组合性，而不是任何基础性的本体事实，更不是我们的表达所依赖的默式的、直观的思维模式。[②]

总而言之，面对第二波人工智能，笛卡儿关于理智必须建立在"清晰而明确的观念"基础上的理念似乎完全不合时宜了。机器学习结构所取得的成功表明，一个极其丰富和不可言说的统计相关性的丝网将世界编织成了一个完整的"亚概念"整体。[③] 此为智能所必须面对的世界。

******

当我们从当前的最先进的研究中吸取本体论的教训时，我

---

[①] 从机器学习架构中可以很自然地看出，直觉是权重或激活的（分布式）模式，它们形成作为我们概念基础的、互联互通的世界的水下地形的高维网络表示中。我们普遍难以"表达"直觉可能反映了这样一个事实，词语和离散概念是过于粗笨的工具，难以捕捉直觉不可言喻的微妙之处。

[②] 这些经验教训在人工智能内部得到了越来越多的认可。计算强化学习的创始人和领先的机器学习科学家里奇·萨顿这样说道："我们必须吸取如下苦涩的教训，即按照我们对思维的思维来预制 AI 系统从长远来看是行不通的。思想的实际内容是极其复杂的，我们应该停止试图用简单的方法思考心灵的内容，比如用简单的方法去思考空间、对象、多智能体或对称性。所有这些都是看似随意、实则复杂的外部世界的一部分，并且这种复杂性是无止境的。"

[③] 请参考拙作《非概念世界》，未出版的手稿。

们必须一如既往地小心谨慎。

我们通常向机器学习算法提供已经处理过的数据，从某种程度上讲是"后概念性"的数据：从一个简短的离散可能性列表中选择性别，以各种形式的单维标量衡量体验，被人类归类为"十字路口"的交通视频，甚至来自某些预分类方向的光照强度等。即使从表面上看，机器学习系统似乎是在前概念或非概念化的层面上处理世界，也就是说，可以通过多种方式把人类概念化模式偷偷塞进来，此类方式并不包含澄清性的亚概念化细节。

所有此类分组和因素化的来源、正当性、偏差等一系列问题，实际上会涉及该类系统所使用的全部数据集。如果一个机器学习系统给出了关于人类或植物图像的像素级细节，可能就不需要做出关于某种植物是灌木还是树，或者一个人的皮肤是棕色还是白色的二元判断。但是，如果该系统是在由人类观察者分类标记的图像数据库上进行训练，那么各种偏见的亚类别差异和痕迹都可能会隐匿其中，从而很容易导致系统不知不觉陷入衍生的偏见和歧视模式。例如，如果输入来自推特、脸书或其他类似来源的数据，机器学习系统就会继承和复制这些来源所涉及的种族主义、公开羞辱、虚假新闻等模式。

人类当然也会受到我们所参与的语境的影响，但我们至少可以希望，人类会以一种机器学习系统目前尚无法做到的方式对此类来源持批判或怀疑的态度。这种带有反思意味的批判性技能正是我认为不可能从更复杂的第二代系统中产生的。而与此相反，系统需要的是我所谓的全面判断能力。[①]

谨慎解读第二波人工智能成功的第二个原因是，人工智能系统越来越致力于分类输入的信息，而这些类别显然是源自人，为人所利用的。在某种程度上，这一设计是为了与我们已有的类别相吻合，即使它保留了子概念的细节，也会因此受到其他类别的兴趣、效用和偏见的影响。如果输出是离散的类别分类，而且正如前面所说，我们的设计系统基于关于分类的本性的经典迷思，则系统所拥有的丰富细节以及有关分类的来源和妥当性的微妙之处就可能会荡然无存。

谨慎解读第二波人工智能成功的第三个原因与当代迫在眉睫的话题相关：人们越来越多地要求机器学习系统"解释"自

---

① 在序言中提到的，有一种可能是，如果以第二代人工智能为基础的合成造物本身能够进化（也许是沿着索尼的 Aibo 机器狗的路线），那么这些造物也许最终能够全面发展出理性和判断力。参见第十章关于"造物"的讨论。关键是，这种能力将取决于它们形成时的文化和社会环境，并需要加入对生活和创造的担当、受规范支配、为真理而战等因素。如果它们真的达到了这一阶段，仅仅依靠发生在第二波人工智能中的技术，将无法使它们做出判断。因此，对由此发展出来的规范性能力的解释，必然会注意到它们不仅仅是机器学习或第二代系统。

己的行为，这一现象有些反常。要想让系统解释行为就需要系统具备非常强大的能力，因为我们使用系统时并非想要系统具备描述自己行为的能力。也就是说，开发"自我解释"或可解释的"神经网络"的压力可能会无意中降低系统的性能，并驱使系统无根据地依赖于二进制、离散类别，或隐式甚至显式地依赖于形式本体论，也可能导致其重现老派人工智能在认识论和本体论方面的不足。

我们应该如何看待这一切？虽然目前的研究状态混乱不堪，以致很难得出明确的结论，但我认为可以总结出三条本体论原则。

第一，离散的、基于对象的"形式"本体论的经典假设不是机器学习和第二波人工智能技术的先决条件。相反，机器学习系统的成功，特别是在感知任务方面所取得的成功，表明了不同的情况：世界是一个整体，有着令人难以想象的丰富性，而我们熟悉的实体、属性和关系的本体论世界，被清晰的概念表征所代表，很可能是"以相对较高的抽象水平看待的世界"，而不是世界本来的样子。

第二，机器学习的强大之处在于，机器能够追踪相关性，并在分类级别下（利用远远超过在类别里可以捕获的细节）做出预测，而高层次的本体和概念注记正是基于分类级别构建而来的。

第三，事实上，机器学习系统正越来越多地被指向通常以概念结构的方式，且在本体论上由人类准备，以人类为目标的领域，并不可避免地导致此类系统继承了人类方法的能力和局限性，而不具备任何批判性的质疑能力。正是此类因素引起了受到广泛讨论（但未被准确描述）的"算法偏见"现象。[①]

正如第三章所述，多年前[②]，我勾勒了一幅世界图景，其中对象、属性和世界的其他本体论被认为是注记实践的结果，而不是世界的预设结构。该图景有助于理解老派人工智能的失败和机器学习的成功，并描绘了一个复杂到令人瞠目结舌的世界，认知主体能够对其进行注记，发现其可理解，对其进行概念化和分类，以便能够说话、思考、行动和实施计划等。最重要的是，这一观点是从最基础的层面开始发展起来的，并认真考虑了这样一个事实：世界上的大多数地方超出了有效访问的范围，从而需要分离的、语义的表征，且出于复杂性的原因，其必然会从大部分细节中抽象出来。最终生成这样一幅图景：

---

① 数据是机器学习结果的主要偏差所在，不仅因为它的形式和内容，还有它的选择、使用情况等相关因素。运行数据的算法并非无害，比如它要求以特定的方式形成数据集等。但是，媒体和文献中引用的大多数有偏见的例子更多源自扭曲的数据，而不是错误的算法。我们需要进行批判性的评估，适当地梳理出机器学习架构的这两个维度各自的影响。

② 参见《对象的起源》。

一方面，概念能力相对较远情境的可理解性最为相关，另一方面，非概念性技能特别适合于眼前充盈的细节。正如我在另一处所说[1]：

我有时会把对象、属性和关系（概念上的物质本体论）看作意向的、规范的生活中的长途卡车和州际公路系统。毫无疑问，它们对于生活实践的全面整合是必不可少的。在有限的资源下，它们对于我们将广阔而开放的经验地带整合成一个单一的、有凝聚力的、客观的世界来说是至关重要的。但是，为了便携和长途旅行而打包物品的成本在于，这会让它们与特别的、精细的、丰富的原产地生活相隔绝，与它们本来所支撑的无比丰富的生活相隔绝。

从上述情况来看，第一波和第二波人工智能的成功和局限性都有巨大的意义，结构的可预测特征开始提取丰富但从根本上简化的注记方式，而这是感知和认知的基础。

---

[1] 请参见拙作《非概念世界》，未出版的手稿。

# 4. 认识论方面

那么，与老派人工智能认识论有关的主要问题有哪些呢？

我们的思考将在这里进入最有实质性的阶段。我们将在第七章中讨论的两大主要问题阻碍了人工智能达到真正可以称之为思考的境界。两者都与我们所居住的极其丰富而混乱的，但又是思考和智能必须对其负责的世界有关。一种相对简单，涉及调和第一波和第二波人工智能的方法，即利用各自的优势超越若干限制。这种整合的目标开始被人们所认识，并被建议作为第三波人工智能的必要组成部分。

另一个挑战更为深远。我不相信当前的任何技术，包括任何已经被设想为人工智能研究主题的技术，甚至意识到了这第二个问题的重要性，更不用说知道如何解决这个问题了。对这一问题的解释将带领我们进入"对存在的担当"（existential commitment）这一领域以及"把世界作为世界"来对待。

THE
PROMISE
OF
ARTIFICIAL INTELLIGENCE
Reckoning and Judgment

第七章

# 认识论挑战：实现通用智能的根本障碍

从第一个简单的目标开始，即从整合第一波和第二波人工智能的优点开始。

老派人工智能的优势之一是它具备"条分缕析地推理"的能力，这种推理能力涉及蕴含、否定、量化、假设等结构化命题链。例如："因为要在东京参加残奥会，兰迪和帕特星期六不会在这里吃晚饭"；或者"17%的伦敦父母说不同的母语"；甚至"加拿大公众对高等教育的支持比例低于美国的一个原因是，与美国不同，社会医疗保健在加拿大是毋庸置疑的存在，它占据了大部分的公共资金，加拿大选民不愿意把更多的钱投入其他社会项目中，教育就是一个例子"。下面给出了早期设计的人工智能系统被用来处理"条分缕析地推理"的示例，它们对通用智能来说仍然至关重要。①

## 条理化推理的特点

在老派人工智能模型中，一些概念结构形式是知识表征和模型或推理的共同特征。

1. 同一性与非同一性（"塔利就是西塞罗"，"面包师不是我的姨妈希尔达"）。

2. 量化（"每一个加拿大人都有一顶御寒帽"，"那边草丛里有一条响尾蛇"）。

3. 变量（"双方父母各有一位是来自同一国家的婚姻"）。

4. 逻辑运算符（与、非 / 否、包含等，如"冰壶运动员

---

① 在"条理化推理的特点"模块中列出的表达能力在句法和语义上都是相互依赖的。它们之间的一些关系在认知科学和哲学被理论化为产生性（productivity，即认知的生产和理解是无限的）、系统性（整个句子和整体思想的意义与它们所组成的单词或符号的意义有系统的联系）和组合性（一个复杂的句子或思想的意思是由其语法结构和组成部分的意义所决定的）。杰瑞·福多直截了当地总结了这些组合关系对人类认知的重要性，但这一点可以推广到任何旨在实现通用智能的计算系统："人类的认知表现为一种由紧密相关的属性组成的综合体，包括系统性、产生性和组合性，忽视了这一点的认知架构理论将会自讨苦吃。如果你陷在一种理论中，该理论否认认知具有这些属性，那么你就只会走投无路。Jerry Fodor, "Connectionism and the Problem of Systematicity（Continued）: Why Smolensky's Solution Still Doesn't Work," *Cognition* 62, no. 1（1997）: 109–119.

与古典小提琴手都不喜欢大蒜"）。

5. 集合（"总裁、副总裁和财务主管"，"所有被囚禁的倭黑猩猩"）。

6. 不透明和内涵语境（"她说法国有一个国王"，"他相信 π 的存在是合理的"）。

7. 类别及子类别（"天使投资人"，"受邀人士"）。

8. 可能性和必要性（"她可能是从斯沃斯莫尔学院调过来的"）。

9. 默认推理（"除非另有说明，否则所有咸水港的设计必须考虑潮汐"）。

如果老派人工智能能够处理如此复杂的逻辑，为什么还会失败呢？因为，正如我一直在论证的那样，老派人工智能依据的本体论大错特错。第一波人工智能没有将抽象和概念符号化扎根于丰富世界中的本体论资源，让它们倾向于脱离现实——面临一种退化的威胁，仿佛要把德里达和莎士比亚的文字混合在无穷无尽的能指游戏里，而毫无所指。

然而，系统具备可以进行条理化推理的内部结构是至关重要的，而且该结构必须是一切真正的智能模型的一部分。目前，我们对这种模型最好的理解是在逻辑学的背景下完成的，以形式本体论、清晰明确的概念等为前提。试想这种逻辑范式表达式为"$\forall x[f(x) \supset g(x)]$"或"$[\phi \supset \psi \equiv \psi \vee \neg \phi]$"。这些公式通常按照与其组成部分意义相关的那些语义和本体论事实进行解释。任何 $x$ 都被假设为可以在没有任何歧义或障碍的情况下明确地进行个体化区分，即要么是 f 要么不是 f，或要么是 g 要么不是 g。$\phi$、$\psi$ 等的情况亦然。

如我们在上一章里所论证的，感知、分类、非概念性推理，甚至是大数据分析中使用的各种推理，都不需要这种程度的本体论清晰度。事实上，正如在机器学习系统中所体现的那样，它们之所以具备强大的能力，恰恰是因为它们完全不做这种假设。就其本身而言，这并不能解决当前这种逻辑复杂性。不过，显而易见的是，人类智能并非依赖于完全"纯粹"的分类才能利用这种逻辑关系的常识化版本。（推理的链条越长，就越有可能得出错误或不可靠的结论，这与相关对象和属性的非同质性和非明晰性成正比。）对清晰的推理形式的支持是概念分类的强大力量之一，但是我们尚未充分理解这些分类必须有多么清晰或多么离散才能使逻辑推理被有效地适用。显然，某种程度的逻辑推理也适用于非概念性内容（"那个红色沙发和我们客厅的墙纸不太匹配"，"写在黑板的这里，而不是那里"等 [①] )。

这些想法为我们如何构建人工智能指出了一个方向，在上一章中已经提到：我们需要做些什么才能构建一个能够支持人工智能将极其丰富的高维向量表征作为复杂模式的，具有精确推理元素的结构。模糊逻辑可以被认为是这个方向上的早期尝试，但模糊逻辑被限制为单一的实数真值，且是"高阶离散"的 [②] ，因为任何给定的"模糊值"都是由它所精确表征的，即某个确切的实数。相反，我们建议开发一个系统，将机器学习丰富的本体性和非概念性的表征与第一波人工智能的精确推理范式整合在一起。当然，并不是通过将两种能力在一个"双峰"系统中黏合在一起。而是无缝地将它们整合在一起。如此一来，嵌入在被组合的概念背后的亚概念网中的微异之处、微细之处和微调之处等，就可以在推理结果背后的亚概念网中发挥作用。这种方式会给相对直接的推理带来细微的差别和变化。同时，当表征变得更加精练、抽象化和离散化时，也允许

---

① 这些例子被认为是非概念性的。第一个例子中指向的红可能并不是泛泛而言的红，而是沙发特定的红。说话人不太可能拥有足够的概念性资源把沙发红色的深浅精确描述出来。在第二个例子中，描述黑板上的小区域时用"这里"和"那里"，而这种描述不太可能是具有确定边界的区域。

② John Haugeland, "Analog and Analog," *Philosophical Topics* 12, no. 1（1981）: 213–225.

越来越长的条理化推理链条存在。

该建议在架构上有很强的影响。在老派人工智能的经典案例中，复杂的假设、析取、蕴含等很容易涉及几十、上百甚至更多的概念成分。在当前的神经结构中，这些系统可以用分布式的权重对任何事物进行编码，且将之贯穿于整个网络；对于如何使网络状态成为其他状态的组合结构的参数或成分，就既不明显，也不直接了。

然而，这种由大量亚概念支持的组合结构状态的目标似乎与人工智能研究人员已经在解决的问题之间并不存在根本上的矛盾，而且有迹象表明，对此类计划的需求正在得到认可。[①]

---

[①] 例如，参见盖瑞·马库斯的著作《代数思维：整合连接主义和认知科学》（麻省工学院出版社，2001 年）；乔·帕特的论文《生成语言学和神经网络 60 岁：基础，摩擦和融合》及相关评论（见《语言》第 95 卷第一期，2019 年）；赫克托·莱韦斯克的著作《常识、图灵测试和对真正 AI 的探索：对自然和人工智能的反思》（麻省理工学院出版社，2017 年）。这些项目所面临的一个挑战是，确定当代机器学习系统的经验和技术中是否会出现有用的见解。这些机器学习系统是以人类概念化的输出（如维基百科文章、推特简讯等）为训练数据的。除了在前一章中所讨论的明显的偏见问题等，还有一个严重的需要解决的问题，会在本书的其余部分加以探讨，这些系统作为训练集使用的数据源，在系统上对高度可变的构想（注记框架）不负责，而这些训练集是根据这样的构想制定的。在没有评估系统的任意（每一篇文章、每一篇公告）注记实践的情况下，将此类"数据挖掘"的结果包含在内，将构成一种"黏在一起"的行为，从而导致项目的目标无法实现。我认为，第一个目标比第二个目标更容易实现，但在更深的层次上，要正确实现第一个目标也取决于对第二个目标的成功处理。

******

另一个认识论方面的挑战则更为深刻。

无论它们在其他方面多么受人关注，我相信所有现有的人工智能系统，包括第二代人工智能系统，都不知道它们自己在说什么。这并不是说人类无法将它们的输出解读为我们可以理解的东西。但没有理由去假设，也没有足够的理由去怀疑现存已经被构建的系统和我们知道该如何构建的系统，"知道"下面两者的区别：第一，系统内在的（近端）状态，包括系统所表征的状态，以及输入和输出；第二，系统外在的（远端）世界状态，那些至少我们认为由系统的状态以及输入和输出所表征的世界状态。它们所谈论的是事物的外部状态（请回顾一下第二章里关于语义解释的第二个原则）。

需要做哪些事才能让一个系统知道它在说什么？系统需要什么？什么是现在的系统所欠缺的？什么又是系统所具有的？这些问题都将在本书的其余部分慢慢给出答案。我现在可以说，它至少需要本真性，需要对世界的尊崇并参与到所谈论的东西存在的世界中，而仅有可解释性和"有根据的解释"是远远不够的。[①] 这里的意思在后文中会逐渐清晰起来，这里先用几个例子来激发一下相关的直觉。

假设一个自动 X 射线阅读系统构建了我们所希望的"肺的 3D 模型"[②]，暂且称该模型为 $\alpha$。系统是否知道我们所知道的情况，即 $\alpha$ 与作为 $\alpha$ 建模对象的肺的区别？更一般而言，计算机是否能理解模型这一概念是什么？即使我们将元层次的信息编码到 $\alpha$ 中，指出这是一个模型；即使我们向模型的数据结构添加类似"模型（$\alpha$）"的标识，系统又将如何知道我们所做的是使其认为 $\alpha$ 代表的是一个外部世界某物的模型？单靠元层次的信息本身毫无助益，这里的实质性问题只是退行了一步而已。[③]

---

① 这种参与必须足以把指称确定下来，而这还没有到要与所指称的对象直接互动的地步。我可以指称在我的光锥之外的东西，即使与光锥的极限接触是被禁止的。我提及 $\pi$ 介子、美索不达米亚文化或女性遭遇性别歧视的情况，都取决于我所处的文化和社会的意向能力；我不能独自承担这样的意向关系。但是，对这些所指对象的"触及"不能是过于间接和中介性质的，乃至于完全依靠外部中介调节，就像 Siri（苹果智能语音助手）一样，即便它真的能够进行指称，也肯定缺乏在任何实际意义上提及比萨店的能力。

② 不用说，这是一个"在解释下"的 3D 模型，即肺的 3D 模型，也就是说，它并非本身就是一个三维的模型。

③ 一个系统要知道"模型（$\alpha$）"意味着 $\alpha$ 是一个模型，所需要的正是我所说的，而我们尚没有理由去假设系统已经具备的指称和意谓（而不仅仅是"指称"和"意谓"）的能力。

出于同样的原因，阿尔法狗及其后继者[①]也不太可能了解围棋是一种有着千年辉煌历史，由世界各地的专家参与的游戏，或者更明确地说，它们并不了解其所玩的特定一盘游戏与该游戏在数据结构中的表征是有区别的。与此类似，虽然 Siri 和 Alexa（亚马逊智能语音助手）能够告诉你关于餐厅、卫生间、雷暴天气，还有操作系统更新等方面的信息，但其本身根本不清楚什么是餐厅、什么是卫生间、什么是雷暴天气，甚至可能不清楚什么是操作系统更新。正如我从一开始就说过的，这些系统作为计算系统是被语义解释的，所以我们将系统的行为理解为关于其所表征的世界。但它们并不"在解释下"理解自己，或者意识到自己的思想、思维和话语只有在被解读的情况下才重要。这就是我怀疑它们所做的事情是否值得贴上理解这一标签的原因。它们所做的最多可以算是加引号的"理解"。不过，由于这些人工智能游戏的分量足够大，我们恐怕还是避免这样的用词为好。

这并不意味着我们不能解释这些系统的结构、行为和成分。它们的可解释性在于我认为它们是计算性的条件（P2）。的确，这正是 Siri 和 Alexa 如此有用的原因。这也并不代表当

---

① 包括 AlphaGo Zero（阿尔法零）。

代计算机系统不能在它们所表征的世界中发挥作用。相反，当代计算机系统发挥的作用与日俱增。我们并不是要在这里讨论塞尔的"中文屋论证"错在哪里，我只想说，尽管表面上有很多相似之处，但我在这里讨论的不是形式性，也不是形式系统是否具有真正的语义，以及它们的解释是不是固定的，可以随心所欲地重新定义。我坚决否认当今人工智能系统中的符号在塞尔所理解的意义上是"形式化的"。特别是一些现代系统，它们的符号以一种明确的、直接的方式与世界相连（想想互联网路由器中的传输路径、实时财务会计系统中的数据库条目、电子邮件地址等）。我甚至认为，许多非计算符号（如标牌上和书籍中的词语）的语义解释是植根于它们在其中发挥作用的实践。但是，无论是标牌还是书籍，都不能理解它们的词语含义，即使它们有非随意的解释。确切地说，我所谈论的是更深层次的东西，是关于这些（有根基的）符号在其中发挥角色作用的系统是否真正理解任何东西。

一开始我说语义之所以能称为语义，必须要有对世界的尊崇或者虔敬（deferential）。目前，尽管我们可以用已经具有尊崇性的语义来设计系统，但这种尊崇是我们的，而不是系统自身的。如果我们要建立一个本身就具备智能的系统，并清楚自己在说什么，就必须构建一个自身能尊崇的系统，这个系统自身服从于自己所居住的世界，而且行为不是只符合人类的尊崇方式。要做到这一点，系统必须知道有这样一个世界存在，系统的表征是关于这个世界的，系统及其表征必须尊崇系统所表征的世界。

\*\*\*\*\*\*

那么尊崇是什么，这个世界是什么，认识到一个有对象存在于其中的世界又意味着什么？这些都是本书其余部分将要讨论的问题。但先说明一些初步的问题：为什么这很重要？我们为什么要关心自己的创造物是否拥有真的尊崇，或者说它们是否真的具备智能？如果我们仅将创造物解释为具有智能、能够尊崇，这是否足够？

当然远远不够。如果我们相信它们的思考，那么人工智能系统就需要真正的智能，以便有能力对在世界里注记到的抽象化本体充分负责。否则，我们应该只能在某些情况下使用它们，即我们准备对它们在过程中使用的每一个注记框架、推理步骤和每一条数据承担认识论和本体论的责任。

这不是一个假设性的问题。我们已经看到了数据挖掘算法的结果，这些算法不仅运行着大型的个人数据集（如人口普查），而且概括了大量的数据集，我们不知道在这些数据集中有什么规范标准、注记框架、伦理立场、认识论偏见、社会实践以及政治利益影响了整个体系，就像我们不相信一个没有受过教育的孩子或迟钝的记者能够总结不同文化中高危青少年的自杀倾向一样，我们也不应该相信一个人工智能系统，除非我们认为它能够严格评估自己所概括的所有数据集（尤其是用来训练它的数据集）的优点、人性、概念兼容性、假设的合法性等。

THE
PROMISE
OF
ARTIFICIAL INTELLIGENCE
Reckoning and Judgment

# 第八章

# 对象：通用智能需要满足的
# 七个要求

关于这些主题的一些极为深刻的思考已经被框定在先验论哲学和存在论哲学的范畴内。为了获取灵感，我们可以深入研究康德关于感性和知性的形式作为对象知识可能性的条件的探究。或者转向海德格尔，我们可以考虑从存在走向实体的存在的可能性这样的存在论追问。但我们不需要这种花哨的语言，只需要问一个简单的问题：一个系统为了将一个对象注记为存在于这个世界的对象，必须具备什么条件？<sup>①</sup>再次强调，这并不是说人工智能系统如何才能表征（或处理），我们将之视为

---

① 我在这个问题里用的"对象"（object）一词并没有特别所指。"实体"（entity）这个词用在这里也可以，只是缺少了词源上与"客观"（objective）之间的联系。所注记的某事物并不需要是离散的或者个体性的。这里的真正问题是，什么样的系统或者说系统必须满足什么要求，才能够把任何东西注记为"世界中的"。参见《对象的起源》。

世界中的对象的问题，或者更简单地说，就是"将一个对象注记为一个对象"的问题，因为按照词源学，我将一个对象（object）视作客观（objective）现实的一部分，也就是作为世界的一部分。因此这个问题可以被更简洁地描述为，何谓人工智能系统将某物视为一个对象？什么样的人工智能系统才能表征或者指称它自己视为对象，视为世界的一部分的东西，并尊崇性地让自己面向这个对象。

这是任何已经设想出来的计算机系统都无法做到的。我也不相信机器学习、任何第二波人工智能技术，以及我所看到的第三波人工智能的任何提议能够阐明如何做到这一点。

但这并不意味着我们不能有所进展。我们有不少可以说的，下面就讲讲真正智能的七个要求。①

## 1. 指向性

系统必须面向它所表征的东西，而不仅仅面向系统的表征

---

① 这里的七条并不是认识论的理论，也不是存在性担当的理论。事实上，它根本就不是一种理论。这七个方面（非独立）的要求仅仅是理解力和全面智能所需要的特性，即成年人必须满足的要求。合成造物应该在我们称之为智能，且（更迫切地）在我们将那些要求真正智能或判断力的任务移交给合成造物之前，应该达到这些要求。

或相关表征。正如哲学家所说，它必须是"意向地指向它的"。提及某物是一种指向它的方式，只要提及物是真实的（下面我还会更深入地探讨）。但指称只是一种针对性很强的指向形式。更一般地说，要认识到生活往往是平凡的应酬、导航和参与日常活动，而不是理论反思。为此，我们可以使用现象学术语来说系统必须通过自我引导（comport itself）来朝向对象。当然，人们可能会想，计算机可以被导向或自我引导来指向一个简单的对象，比如U盘，我点击了一个按钮，这个按钮告诉计算机"将所选文件复制到A插槽的U盘"，一般情况下计算机会根据我的指令这样做，我们能不能说计算机是朝向U盘的？

我们不能这样说。在计算机执行命令之前，假设一个人把原来的U盘拔了出来，并将自己的U盘插进去，计算机不仅会在不明所以的情况下将文件复制过去，而且它没有能力区分这两种情况，也没有资源来理解不同的情况，即它不能区分"插槽中的U盘"的描述和在某一给定时刻满足该描述的特定对象。[①]

因此，在目前的术语中，计算机没有能力处理作为一个对象的U盘。如果在拷贝过程中，我重新连接读写头，那么它就

---

① 对于哲学家来说，计算机从本质上无法区分对"插槽中的是什么"的从言（de dicto）和从物（de re）这两种方式的解释。

不会把数据写到驱动器上，而是把数据"喷"到我的脸书页面上，计算机会再次对此毫无感觉，而这是必然会发生的事情[①]，因为计算机天生就很无知，所以没有理由说它曾朝向 U 盘，而不是朝向 U 盘的表征，或朝向与之交互的驱动机制。

计算机怎么可能清楚 U 盘和它所满足的描述（"插槽中当前的 U 盘"）之间的区别呢？因为在复制的那一刻，两者之间的近端因果包络中不需要有可检测到的物理差异。难道就没有方法让计算机在那一刻检测出正确的 U 盘和错误的 U 盘之间的区别吗？这正是（被规范支配的）表征系统的作用所在：让系统对自身的动作负责，并通过一个庞大的社会实践网络，使系统能够适当地动作，以恰当地指向超越了直接的因果耦合的对象。假设一个情境被任何给定时刻的因果关系所穷尽（也就是说，先验地效忠于"卷席机制主义"），这恰恰就是对表征、语义、意向性和规范性的视而不见，即对指向世界的视而不见。[②]

## 2. 表象与现实

需要什么才能够被导向？至少，这意味着系统必须能够将

---

① 即使在写入完成后有校验和计算，这一点依然存在，这也可以被偷偷模仿。
② 参见前文对"卷席机制主义"的讨论。

对象与对象的表征区分开来，以便对前者而不是后者表示尊重。也就是说，它必须能够区分表象和现实。[①] 如前所述，仅使用引号或元层次数据结构是不够的，我们不能只作为局外人，将一部分视为关于世界的表征（谋划、行为、考虑等）而将另一部分视为表征对象本身的表征。系统必须识别出（而不仅仅是"识别"）对象与对象表征的不同之处。把一个对象当作一个真正的对象，不是当作加引号的"对象"，而是把它当作需要"视其为外在"的对象。由于一般对象（为其表征所指向）将会超出有效作用范围，系统必须知道，它所朝向的东西往往在远端（在有效连接之外的区域），在其直接的因果关系之外（再一次挑战因果论者的科学描述的充足性）。也就是说，智能必须达到我所说的罗伯特·勃朗宁准则，即将一个对象作为一个对象来认识，就是认识到它超出了你能掌控的范围。

请再次注意，语义内容的延伸（非有效地可达）非常适用于意识，以至我们对这一现象并没有给予太多的注意。你的心中所想（一个朋友、一场即将到来的考试、一辆即将驶来的卡

———————————

① 一些哲学家可能认为，任何表象和现实之间的区别，都需要在心灵和独立于心灵的对象或独立于心灵的世界之间进行分离，而这与本书的建构主义观点相反。我认为这种表达现实主义需求的方式过于强烈。在不可区分性和独立性之间存在一个巨大的层次丰富的领域，且在我看来，所有的本体，也就是所有的一切都处于两个极端之间的该领域中。

车）并不表征这些现象内在的、近端的心理状态或过程，而是外在的、远端的现象本身。此外，即使是看起来似乎与你有着因果联系的对象为了成为对象，也必须有"过去"和"未来"，而这两个超出了有效到达范围（物理学禁止与过去或未来相关的直接因果关系）。即使是"眼前"的对象，作为对象也超越了本地有效可达的范围。

我们在逻辑的例子中看到了这种分野：系统如何工作（因果的、机械的）与它正在做什么（语义上的、有意的、解释之下的）之间的分野。当前的要点是，为了真正具有智能，也正如我马上要说的，为了具备判断能力，一个系统必须"知道"两者之间的区别，并通过使用前者提供的资源，以面向后者。

## 3. 利害关系

该系统必须不仅能够区分表象与现实，而且为了指称或面向一个对象，它必须尊重该对象。用塞尔的话来说[1]，系统必

---

[1]　John Searle, *Speech Acts*: *An Essay in the Philosophy of Language*（Cambridge: Cambridge University Press, 1969）.

须知道当"语言"和"世界"分开时，世界就赢了<sup>①</sup>，否则真理就会被牺牲。为了与远端世界建立一种非有效的语义关系，并在那里成为远端世界之外的对象（将一个对象视为对象），必须有利害关系、规范和其他重要的东西。

正如豪格兰德所强调的，一个尊崇地面向世界的系统将会尽力保卫其指称对外部的指向，将会有存在性的担当和参与。我们需要知道这是什么意思，并确定系统是否具备该特点，然后我们才有资格声称自己设计的任何系统都真正具备智能。

## 4. 易读性

这是系统将某物作为某物，将表象或表征与现实区分开来的前提，系统能够发现在世界中的对象是可理解的，或者我们可以说是易读的。

什么是可理解的或易读的？就是说作为世界的一小部分，在一个可负责的注记框架下是可以被注记的，或者说，在本体论上是合理的。展开论述这里的意思，并不需要我们接受天真

---

① 有些人可能会说，人们从来没有认知世界本身，只有它的表征，因此，世界本身不能被人类所感知。我不同意这个前提，即使它是真的，结论也不会随之而来。世界的可及性与它作为偏差的规范仲裁者的地位无关。

的现实主义。我们不仅可以利用康德，还可以利用库恩、豪格兰德、社会建构、文化人类学和其他大量当代学术资源。在本体论上，作为一种事物（一个电子、一次口无遮拦、一条匝道、一名委员会主席）就是要参与到一个由规律、规则、实践、现实结构构成的领域中，在这个领域中，我们作为认识论的知者，以适合这个领域的方式注记这个世界，并参与其中，我们也致力于此。作为一个电子，它要适应电子所存在的整个物理结构。考虑游戏这一豪格兰德最喜欢的领域，要作为游戏中的一个实体，比如一个骑士叉子 ①、本垒等只能是在国际象棋或棒球游戏构成的背景下的内容。在豪格兰德（或许还有库恩）看来，即使是科学的或自然的类型，也在对象构成体系中发挥着作用。

## 5. 现实性、可能性、不可能性

如果要区分"搞对了实体"和"搞错了实体"，就必须有一些可行的、非任意的方法，尤其是在特定的情况下告诉我们哪个是哪个。事实上，对于任何它认为是对象的对象，系统需

---

① 一种国际象棋布局，其中一个骑士可以同时威胁两个或多个对立的棋子。

要进行三个方面的区分：

第一，它们是怎么回事。

第二，它们不是怎么回事，但可能是这么回事（所以说这种情况是错误的，需要纠正过失、错误）。

第三，它们不可能是怎么回事，即在概念上或本体论上是不可能的，因此可以拒绝这样的陈述，哪怕是整个可理解性系统会崩塌。

系统必须能够区分现实、可能和不可能，即真、假、不可能。[1]

研究让我们对现实存在的事物有了更深刻的认识，并让我们对可能的事物有了更丰富的想象力，因为研究建立在一套法则之上，这些法则规定了什么是不可能的，并排除了这些不可能的事物。质子不能是灰色的，因为质子太小，颜色的概念不适用了。今天下午数字四没有在皇后大街出现，因为数字是不会出现或消失的。《星球大战》这部电影或许暗示着，有一天我们能够用超光速穿越宇宙，但这并不会发生。[2]没有一种算法将

---

[1] 豪格兰德对这一三方结构有更详细的描述，如《真理和规则遵循》一文第十二节中他对所谓的"排除区"的分析。

[2] 在我的理解里，长距离量子隧道不算能够"快速穿越宇宙"，但关键是无论发生什么都必须符合物理定律。

会实际检查棋盘上所有可能呈现的状态；没有能够"陈述"自身一致性的一致的形式系统能够"证明"其自身的一致性。

更实际的是，有些事情严格来说不是不可能的，只是我们认为它是不可能的，比如我面前的一杯咖啡自然地向空中跳了5厘米（同时又变得足够冷来保证能量守恒）。

为什么我们需要不可能性，更不必说需要不真实性，从而事情正确才有分量，系统才能够区分表象和现实，并能够把某物作为对象呢？总体而言，它与将整个系统维系在一起有关，而不仅是为了将我们自己、我们的表征与我们正在思考的东西区分开来，以便让我们在思考的整个情形下都能够对现实情况负责。

## 多重注记

所有注记世界的方式在某些情况下都是片面的、歪曲的，有时恰当，有时不恰当。这一基本事实是所有的认知、推理和智能的根基。除非一个系统能够自己承担在这一基本事实下持续行动的责任，否则我们对它的信任就应该以其所采用的注记方式的充足性为限度。

这一点对任何集成多个数据源的实践（包括数据挖掘和大数据的所有其他用途）都有强烈的影响，每当来自不同的源头和环境的信息结合在一起时，真正的智能就需要做出老练的判断，包括不同的数据是如何反映世界的，如何对它们进行合理的评估，以及需要做什么来整合不同的视角，从而对同一基础世界负责。这个问题适用于所有层面，从最广泛的国际数据库集合到同一推特简讯中紧邻的帖子。此外，数据集成的任务永远不能被完全委托给元层次的字典或翻译方案。这些只不过是更大规模的注记：部分的、扭曲的，以它们自己的方式适合特定的场景。如果一个系统本身不具备判断能力，那么对它的所有注记来源的不同观点和偏见，以及所有数据集成实例的合法性，都要由我们来承担责任。

与当前的流行趋势相反，仅凭统计结合不同来源的数据而不对每一步都做出判断，实际上可能会不利于，而不是有利于推广被我们称为"智能"的任何东西。

对事情负责有一个实用的目的。如果事情看起来是不可能的，即如果你看到的证据包括你的感官系统传递的证据，表明不可能的事情已经发生了，你就会加倍努力，检查每一件事，重新检查自己的发现方式，寻找其他方法来发现相同的实体，从其他人那里寻求证实等。例如，如果我认为自己面前的这杯咖啡跳了 5 厘米，假如我的感知系统将这个假设传递给了大脑皮质，那么我不会相信它，也不会认为这个证据是令人信服的。相反，我会得出这样的结论：我没有意识到自己眨眼了，或者有人撞到了我的桌子，或者我刚才喝的不是咖啡，或者正在发生地震，诸如此类的事情。也就是说，我承认有些"不可能"的事情似乎会发生，但因为不可能的事情不会发生——这是关键的事实，我将把这种明显的不可能作为出了问题的证据，由此推断一定有别的地方出问题了。[1]

在某种程度上，这只不过是库恩所说的常规科学。我们在注记框架内运作，按照这个框架来要求对象和现象可解释，把不可解释的情形作为出错的证据，尽量改正错误，以便能够找到正确的东西从而增加我们的知识。但在当前的语境里，这也涉及为什么人工智能系统必须真正具备智能，由于我们依靠真正的智能获得一般性的结论，这就要求它们不仅在注记框架内运作，而且要在使用注记框架的同时关注其是否能够负责，以免它们所表征或注记的东西变得不符合现有情形或不符合可能的情形。

---

[1] 这并不意味着这件事情如果真的发生了，世界就不会最终获胜。相反，关键是需要越来越有力的证据来调整我们对世界的认识，这与我们必须从根本上修正理解的程度成正比。

总之，不存在"正确"的本体，也就是说并不存在完美的注记框架。正如上面"多重注记"部分详细说明的那样，这个基本事实对什么才是智能，以及我们应该如何看待任何不能行使判断能力的系统有着巨大的影响。

# 6. 担当

系统不仅必须能够区分表象与现实的对与错，而且必须关心二者的区别。这是豪格兰德激烈争论的一点：懂得我们正在谈论的事情需要有担当。无论是我们还是我们所建立的系统，没有一种生物能够偶然地了解到实际情况，或是碰巧把事物当作对象来对待。

对于一个人工智能系统来说，将一个对象注记为一个对象，也就是说，对该系统而言，它不仅必须有判断对错的能力，而且它必须在乎对与错的区分。让系统为我们做对的和错的事情，让它们的行为对我们来说重要，这很容易。对于计算器、GPS（全球定位系统）设备、数据库和飞机导航系统来说更是如此。某件事对于我们来说的对错似乎足以用来规划航线，甚至是影响飞机起降，也许这对无人驾驶汽车来说就足够了。① 但它不会给系统本身提供对象、世界或智能。

一个系统面向世界的方式必须要有一个复杂的规范性担当构成的复杂网络作为后盾，才能有所在乎。首先，系统（知者）必须致力于已知情形。这就是尊崇的一部分：要把一个对象当作一个对象，就必须尊崇这个对象，以维持表征与现实的区别，而这是知识和智能（更不用说现实）所依赖的。但这些保证也给知者设定了条件。我们必须致力于追踪事情的进展，去支持正确的事情。我们不仅要像豪格兰德所说的那样敬重对象，也要被对象所束缚。

解释这种必不可少的担当将我们引入了存在主义。生活在这个世界上，并发现它真实的样子，确保一个人所想的都是事实等，都需要存在性担当，否则整个系统就会消散，个人的想法或表征就会失去意义，就像在虚空中无摩擦的冰球一样，飘浮在现实之外。② 对世界的担当是知者作为知者的条件。我们目前所使用的系统不需要这样的担当，因为我们已有并且正在依靠这样的担当。但正因如此，这种系统不知道也不具备真正的智能。

---

① 在足够结构化和包容的环境中，它肯定是足够的。争论的焦点是，在密集的人类活动中驾驶汽车是否足够。

② John McDowell, *Mind and World*, 1996, Ⅱ.

# 7. 自我

还有一个成分是必要的。无论理解力多强的人或人工智能都无法把对象当作对象，除非这个理解者把自己当作一个能把对象当作对象的知者。也就是说，为了达到必要的超然程度以便能够将一个对象视为他者，为了让系统对其自身超然于该对象负责，从而要求该对象为其作为该对象负责，某种形式的"自我意识"不可或缺。同样，这个观点在哲学上广泛为人所熟知，但通常是被用令人生畏的语言表述的。如豪格兰德所说："任何揭示既是对自身的揭示，也是对实体存在的揭示。"[①] 用更简单的说法，我们如果要了解一个对象：

它一定存在于这个世界，

我们必须在这个世界上，并且是以递归的方式，

知道我们和它都在这里。

令人惊讶的是，这七个方面的全部内容不仅是我们所深刻

---

① John Haugeland, "Truth and Finitude" in *Dasein Disclosed* ( Cambridge, MA : Harvard University Press, 2013 ), 190 ; emphases in original.

依赖的，而且是我们将最平凡的对象识别为对象所必需的。而且我们知道事实确实如此。对此惊讶仅表明，第一波人工智能背后的本体论假设已经深深扎根于我们的意识，不仅扎根于我们的头脑，还可能融入了支撑当代科技社会的世界观。

第一波人工智能和第二波人工智能无法应对此类问题的事实不应被认为是表明对象的概念不再重要了。对象的重要性存在于我们发现"世界是可理解的世界"这一现实，存在于我们的智能之中，存在于我们的导航、推理和应对能力之中。相反，人工智能在这个问题上当前的局限性应该提高我们对使对象变得如此强大和无处不在的历史、社会文化力量的重要性的认识。这并不是说这一概念是无辜的。不同的文化、诗人、构建主义者和很多其他领域的人都知道，在某些情况下，对象化和物化存在严重的问题。[①] 但无论是好是坏（很可能两者都有），世界由对象构成（也许还包括其他东西）是一个强大的本体或注记框架。如果不去完整考虑这个框架的实质性和重要性，人工智能的建设是不可能取得很大进展的。

关于人工智能，机器学习的成功经验告诉我们，把世界看

---

① 不用说，世界上也有一些有问题的特定对象，如核武器、谎言、某些特定情况下的人。这里的利害关系是一个更普遍的问题，即当我们把世界的一小片注记为一个对象时，如何公正地对待世界。

作由对象组成的，并非合成或计算设备的必要前提。更要紧的是，它还表明没有真正的智能系统可以从对象本体开始。如果一个系统想要公正地对待它周围的世界，如果它想要理解自己所表征和谈论的是什么，那么它就需要以这样一种方式被构建或进化，从而获得根据对象注记世界的能力：以世界为基础的对象，与丰富得无法言说的形而上学的全体相结合的对象，而且我们将会看到，对其有毫不让步的责任要求的对象。

THE
PROMISE
OF
ARTIFICIAL INTELLIGENCE
Reckoning and Judgment

## 第九章

# 世界：通用智能所需要的存在担当

作为上述所有要点的基础，即真正的通用智能的基础，还有一种更为原初的东西，跟我所说的世界有关。

在某种程度上，这一观点相当简单。我们所相信的一切，所接受的一切，所表征的一切，以及所致力的一切，都必须存在于一个单一的且于我们而言具备可理解性的世界，而且在该世界中与我们共存。即使一种现象"自身"具有意义（无论这意味着什么），它都不具备存在的可能，更不可能具有所要求的现实性和其他性质等，除非其属于世界，也就是说是全体的一部分，而世界即所谓的整体，或可称之为"一"。

由此衍生出一个对象（或任何其他东西）真实存在的四个条件：

我们必须让该对象为其作为世界的一部分负责。

反过来，我们必须让世界为对象寄居在其中负责。

我们也必须让自己和我们与该对象的关系为共同存在于同一个世界负责。

同样，我们也必须让世界为寄居其中的我们以及我们与世界的这种关系负责。

## 多元论

有人会说，人与人不同，所生活的世界也就不同。我对多元本体论（我会称之为配置本体论的注记框架）持肯定态度。但必须要有一个"更低的层次"，或在某种意义上要有一个更终极的形而上学统一性，将一切合而为一。如果在"X的世界里"X向Y开枪，那么Y（我们，或X所称的Y）很可能会死亡，而与其所处的"世界"无关。如果我注记为黑洞的东西"摧毁了我的世界"，则其很可能同样会摧毁你的世界。如果我想联系你，但你生活在另一个世界，那么我不仅根本无法联系到你，而且甚至都不会知道你的存在。诸如此类。这就是指称（就像子弹一样）必须"透过"注记框架才能到达世界本身的原因。请参见第十二章关于指称的讨论。

> 正如我在《对象的起源》一书中所指出的，想要公正地对待人工智能、人类社会和世界，就要接受本体论、多元论和形而上学一元论的正确结合。

如果有什么东西在我们看来完全没有负任何责任，那说明问题很大。我们必须提出异议，不能接受。我们必须奋力从那种情形中挣脱出来，否则只有死路一条。

还有一些解释性的评论。首先，遵守这一标准并不需要意识到前文的四个条件，特别是在任何显式的意义上。事实上，关于这些条件的显式的信念（特别是对这些条件的命题式表征）毫无助益。这四个条件的担当是在先的，且必须作为一种规范对我们施加影响，以便让一切信念或意识状态与规范的主题相关。其次，这一表述中的"我们"并非将我们作为个体，即使责任最终会落到个体肩上。这些条件是由社会和文化在许多个世纪中形成的，且我们从小就在学习语言和成为社会群体成员的过程中被灌输了这些条件。最后，这些条件所刻画的那种担当是非常高的标准。没有人能够在我们的生活中时时满足这样的标准，而且我们也无须时时意识到这些条件的要求，但我下面马上会论证的是，如果我们是成年人，就要对它们负责，况且我们所处的文明和文化本身的经纬结构，也需要承载这些属于文明社会的标准。

用认知科学的术语来说：把一个对象当作一个对象并不仅仅意味着与其进行交互，将名称跟与其互动的对象联系起来局部地解决"符号奠基"的问题，就像动物扑向猎物或者布娃娃，或者婴儿依恋母亲那样。尽管就某些目的而言，这种反事实所支持的交互连接已经足够[①]，但还不足以让讨论中的系统能够拥有对象[②]，因此也不足以保证系统具备智能。观察者可能会认为这种行为给语义解释提供了充分的依据，让我们可以把与系统相互作用之物当作一个对象。我们甚至可以说这个符号是"奠基了的"，因为符号有确定的语义解释，且作为该符

---

① 比如支持德雷茨克式的信息连接（参见 Fred Dretske, *Knowledge and the Flow of Information*, Cambridge, MA：MIT Press 1981）。

② 在某种意义上，动物肯定能够以它们的方式识别我们注记为对象的东西，然而这里的苛刻之处在于"对象性"，我对动物能否具备对象性的能力持怀疑态度。斯特劳森描述了一种更简单的基于特征的注记形式。这里所谓的"特征"，大致上类似于某种属性的共性，但不需要以离散的个体化对象作为它们出现的方式。一个标准的例子是我们对"下雨了"这类短语的解释，在他看来，这是用世界来实例化"下雨"这一特征，而不需要有任何对象在下雨。这暗示着宠物可能会做更多诸如此类的事情，如"又跳跳虎了"，甚至有可能婴儿最初是通过类似的方式认识自己的父母的："好哇！更多的妈妈！"参见 Ruth Millikan, "A Common Structure for Concepts of Individuals, Stuffs, and Real Kinds：More Mama, More Milk, and More Mouse," *Behavioral and Brain Sciences* 21, no. 1（1998）: 55–65；以及 "Pushmipullyu Representations," *Philosophical Perspectives* 9（1995）: 185–200。

号的解释亦并非简单的突发奇想。但是，在这种情况下，整个模式仍然是我们的注记，对象是我们的对象、相关的尊崇也是我们的尊崇，而非系统的。

有三个失败的例子可以对这四个条件予以说明。

许多年前，在美国杜克大学莱茵研究中心的一次超心理学演讲结束之后，演讲者在出门的路上问我们几个，为什么没有人相信他给出的结果，而且他声称，自己统计数据的方法与所有在著名心理学期刊上发表的论文所使用的方法并无差异。"并不是你的统计数字有问题，"居文·居泽尔代雷敏锐地评论道，"就算这些统计数字做得再好，还是没有人会相信你。问题是没有人知道你所说的如何才能成真。"发言者的主张可能有个别是连贯的，但正如居泽尔代雷所指出的，这些主张总体来说是不负责任的，因为它们不符合也不保护我们认为世界是世界的感觉。世界是世界，这是相当重要的。没有该前提，一切都不靠谱。①

———————

① 这里的主张不是要阻止那些挑战人们根深蒂固的世界观的假设或观察。一些伟大的科学进步就来自这种情况（例如黑体辐射）。与之相反，对我和居泽尔代雷造成困扰的是，演讲者没有准备好承担责任，因为他希望我们相信的东西与我们所依赖的整个世界观背道而驰。听众敏锐地意识到，演讲者似乎没有注意到为了使自己的论点可信，需要承担——至少需要承认，并最终解决——巨大的认知和本体论负担。

再举一个例子，在我看来，梦是没法承担责任的。事实上，我认为，正是由于这种不能负责任的特征，从外面看起来，梦才显然是梦。我和两个人同时在一个房间里，房间倏忽之间变成了一个礼堂，并且还有人在这里演讲，而他们所倚靠的讲台却是咖啡蛋糕，此时我正在骑自行车穿越比利牛斯山脉，嘴里还吃着咖啡蛋糕。这都无所谓！即使这一切都说不通又有什么关系，我不是去解决矛盾的，而且由于我已经对现实放松了把握，因此我的心率并没有飙升。

第三个例子。我读研究生期间的一个深夜，我正在合租房里看电影，而此时电话铃声响了，吓了我一大跳，因为当时大约是凌晨一点。我伸手拿起电话（这是电话还挂在墙上的时代），就在那一瞬间，电视关掉了，房子里所有的灯都熄灭了，整个社区陷入了黑暗，可电话却一直在响！回头去看，整个事情完全可理解[1]，当时的情况仅仅与我的恐慌程度有关。我的心跳加速了，因为我的世界在那一刻似乎要崩溃了。虽然崩溃的

---

[1] 说来也巧，就在我拿起电话的那一刻，整座城市都停电了。更巧的是，我拿起的电话并没有接上线，它是一位搬走了的室友留下来的。最初和随后持续响起的铃声来自房间里的另一部电话。

程度微乎其微，但长此以往不可想象。失去世界的威胁是致命的。[1]

\*\*\*\*\*\*

我在前面曾提到，有一个综合了各种担当的网络支撑着我们把一个对象当作一个对象，或把某物当作在世界里、当作有智能的能力。这不仅仅是因为我们关注对象，并受到对象的束缚。我们也关注作为整体的世界，并受到世界的束缚。[2]

从这一层面来说，对世界的担当意味着什么？我已经说过，要让一个对象成为现实的一部分，我们必须记住何为真、何为假、何为不可能，而这些的基础是一套并行的关于整个世界为一个整体的规范和保证。我们需要注记和发现的不仅是对象和本地现象。注记一个对象意味着根据构成领域的规则和规律找到该对象的可解释性，且该对象在该领域中获得了存在的

---

[1] 事件发生后的一刹那，当我意识到自己还身处客厅、电停掉了等，我被一种更为常见的恐惧所压倒，包括对入侵者的恐惧、对暴力威胁的恐惧等，但这是在我的存在性恐慌之后发生的。

[2] 这并不意味着，世界是一个对象。世界根本就不是一个对象，也不可能是一个对象。如果身处其他时代，至少在蒂里希的意义上，我们可以称之为"上帝"，其中的"上帝"是"存在的基础"的称谓。存在的基础大致等同于我在这里所说的"世界"的含义，即我所尊崇的、唯一的、最终获胜的。

理由。但这些规则、规律和做法也需要负责、可靠，所以必须支持世界之所以是世界的条件，而不是进行破坏。

这是否意味着我们要紧紧抓住概念框架或注记框架不放（因为一旦放弃，我们就只有死路一条）？大体确实如此。我们必须倾向于这一方向，以保持区分外在表象和现实的能力。但是，我们不会一味坚持这些构成框架，因为我们不能这样做，也不必这样做。与对象或实体只有在概念或注记框架中才具备可解释性一样，概念或注记框架本身也是如此。作为实践和制度的基础的构成规则和规律，只有把世界理解为世界时才具备合法性（legitimate，也就是说，正如词源学所揭示的那样，"才能解读"）。我们既要使对象为构成的规律和规范负责，也要使构成的规律和规范对世界作为存在的基础负责。

THE
PROMISE
OF
ARTIFICIAL INTELLIGENCE
Reckoning and Judgment

第十章

# 测算能力和判断能力

终于可以解释本书的书名了。

我试图勾勒系统的一些基本要素，比如人类或机器，让它们在这些要素的指引下，能够思考或面向系统之外的世界，让系统能够对付这个世界，巡游其中，在其中从事各种项目，针对它进行推理，为它担当，对它尊崇。然而，系统不仅必须具身和嵌入世界，还必须把世界认作世界。只有这样，它才能够分清表象与现实，并求实；认识是非，并求是；辨别真假与不可能性，并求真。只有这样，它才能够把实体、现象、人和情境如实注记。系统必须在世界里注记这一切事物，并要求自己和自己所理解的一切向世界负责。

这就是人类认知成就的遗产，它所带来的益处几乎不可估量。

# 1. 动物

我认为，从某种意义上可以说，非人类动物能够对世界负责。动物的种类不胜枚举：蟑螂的负责形式与适用于美洲虎或黑猩猩的负责形式大相径庭。我在此并不会过多地讨论它们之间有多少不同，诸如存在多大差异甚至有多么相似等问题。任何对此类问题的描述都必须包括我们也是动物这一事实。任何关于人类和其他动物的理论都不能忽视我们的构成、进化和发展的连续性。

我们与非人类动物（尤其是高级灵长类动物）在智能能力方面有多少重叠，又是一个我在相关专业知识方面几乎空白的课题。当然，非人类动物表现出了与物种相适应的觉知形式，有些甚至具有灵敏精确的感知系统。[①] 这对它们来说有某种利害关系存在：无论是作为个体还是作为一个物种，一旦出错，很可能面临巨大危险。非人类动物会表现出各种操心的方式，而且具有敏感的情绪。正如越来越多的人所说，在某些方面，非人类动物的表现甚至要远远超出人类。

---

① 大概是由大规模并行神经网络所支持的。

然而，我不相信人类以外的动物会从事我在这里所探索的"把世界理解为世界"这种具有存在担当的实践。要是说它们有能力达到客观性，可以把一个对象当作一个对象，从而是具备人类意义上真正的智能生物，这几乎是天方夜谭。我们可以说，宠物能认出某些心爱的东西，但这些东西是作为宠物主人的我们指定的对象。如果没有上述规范担当的四个条件，这些不太可能成为对宠物有约束的条件，主人所谓的心爱之物也就不可能成为宠物的对象。①

不过，对人类以外的动物来说，即使它们不能将一个对象注记为一个对象，有两个问题也很值得探讨。第一，它们参与到这个世界中来，也许甚至存在性地参与其中，至少在一个初级的意义上，都在以对自己合适的方式参与。第二，也是至关重要的一点，就个体表征或注记世界而言，它们的方式与其如何参与、导航、应对，以及遭受影响的方式相契合。世界于其而言大概具备可理解性，即使不是作为世界，在一定程度上，世界与它们的生命形式、利益关系、生物需求等也相匹配。

---

① 或许，宠物确实可以把对象当作对象，至少在很初级的意义上确实可以如此。我不是要捍卫任何关于动物的具体解释，而是为了了解需要什么才能对一个系统而言有对象和一个世界，然后我们可以讨论各种动物和机器是否（以及如果有，在多大程度上）可以做到这一点。

对于当前的讨论而言，动物情形的重要之处体现在以下两个方面之间进化出来的那种吻合：它们如何看待这个世界或者它们所占据的那部分世界；它们如何生活、它们关心什么，以及它们容易受到什么样的伤害。这让它们的生活甚至认知能力——如果我们想用这个词来形容人类以外的动物的话——变得本真。我相信很多后人类主义的文章高估了它们的认知能力，但就动物的思考和理解的程度而言，它们确实是以一种本真的方式这样做的。

我将用"造物"（creature）这个词来形容这样的系统，包括动物，它们的注记能力不超出它们的生活方式、它们所关心的、它们容易受到的伤害，以及它们的存在实际上涉及什么。这个术语很有用，因为基于人工智能的"宠物"（如索尼的Aibo）的发展表明，我们可能或者很快就会构建这种意义上的智能造物。正如我已多次阐明的，基于机器学习、主动传感器和效应器等的合成造物，实现我所说的动物进化后所拥有的本真性，并非不可能。也就是说，本书中没有任何内容表明构建真正的智能造物是不可能的（即使究竟哪些是适用于合成宠物的构成规范，而不仅仅是让我们随心所欲地支配它们，这一点目前仍然是比较模糊的）。

## 2.计算机

对于一般的计算机来说，情况并非如此。我们构建的大多数计算系统——包括绝大多数人工智能系统，从老派人工智能到机器学习——以对我们重要而不是对它们本身而言重要的方式来表征世界。正是因为这一事实，我们称其为计算机，或信息处理器，亦因其在我们的日常生活中所具备的计算能力，所以对我们而言非常重要。唯一存在的限制是，到目前为止，这一切对其自身而言毫无意义。用豪格兰德喜欢的一句话来说：它们根本不在乎。[①] 只有当它们与世界发展出忠诚和尊重的存在性交往（即所谓"此在"，如果我们想用存在论哲学术语的话），事情对它们来说才会重要。

图 10.1 是一幅可能有用的差异图，该差异图可用来理解人类、非人类动物和其他造物，以及我们建造的大多数计算机的结构。我所说的"本真"的生命形式存在于造物、动物或机器的各种领域中，它们以恰当的方式注记这个世界（或我们

---

① Zed Adams and Jacob Browning, eds., *Giving a Damn : Essays in Dialogue with John Haugeland*（Cambridge, MA : MIT Press, 2016）.

把这注记为注记世界），并且不超过它们存在于这个世界的形式。[①]

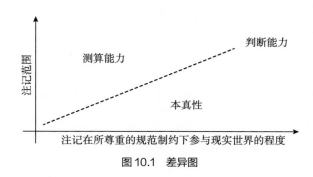

图 10.1　差异图

有一种感知差异的方法是探究我们与人类以外动物的交互，以及我们与那些具有典型人工智能系统、数据挖掘服务输出等的交互有何不同。虽然我们和动物交谈，但它们不会使用高级语言[②]的事实让我们意识到动物的全部情感、理解、计划

---

① 对造物的参与而言关键的不是注记本身，而是世界真的如系统所注记的那样，以及造物的存在与这一事实息息相关。但我并不认为这种描述可以作为对本真性的定义。很容易构造这样的系统的例子，其位于图 10.1 中的那条线的下方，但是没人会将其算作本真。

② 至少，据我们所知，它们不使用具有产生性、组合性和系统性的语言。见第七章的第一条脚注。

等仍然被局限于其能够本真地参与的领域。① 当我们的苹果手机告诉我们在高速公路上发生了事故，一个医疗系统声称有32.7%服用了特定药物的患者会感到恶心，或者一个可穿戴监视器建议如果你再喝一杯就不要开车回家时，这一信息的准确性自然是毋庸置疑的。虽然这些系统对自然语言的使用可能会掩盖一个事实，即它们既不能理解交通，也不能理解恶心和酒后驾驶，但重要的是，对这类例子的日益熟悉并没有使我们忽视系统类型存在的深刻差异。

正如在序言中所提到的那样，我使用术语"测算"来称呼表征操纵和其他形式的意向性上和语义上可解释的行为，而执行这些行为的系统本身并不能在我们已经讨论过的完整意义上去理解这些表征是关于什么的；这些系统本身并不能够对所表征的内容负责，它们不能够本真地按照其表征的那样来与世界打交道。也就是说，测算能力是对当今计算机（包括第二波人工智能）所具备的运算化理性的称呼。

对照之下，我用"判断"一词来称呼我讨论过的那种理解，即能够理解对象是对象，且知道表征和现实之间的区别，

---

① 如果我们以超出适合参与世界的方式注记一个人类以外的动物，例如宠物，且并不含隐喻或讽刺，比如，当我说"我的狗也对后工业社会感到沮丧"时，那么我就错误地赋予了动物一种非本真的状态。

对自己的存在和世界整体性有存在担当，且尊重对象、受对象约束，并服从对象如此等。[1]

这些术语可以用不同的方式来支持，而这就超越了霍布斯所提出的"推理就是测算"的主张，许多人工智能人士对该主张深信不疑，但我并不赞同。我的目标很简单：就是要拿"测算能力"与日常所说的某人用"良好的判断能力"[2]处理了一个情况进行对比。我所说的判断能力是指当我们说某人缺乏判断能力时所缺失的东西，即没有充分考虑后果，没有坚持正义和人性等最高原则。判断能力是一种类似于实践智慧（phronesis）的东西，也就是说，判断能力包含智慧、谨慎甚至美德等。[3]

---

[1] 正如我在第七章中所说的，因为它们没有体现出这些属性，所以当前的计算机系统，包括那些基于第二波人工智能原理构建的系统"并不知道自己在说什么"。

[2] 其中包含两个问题。第一，"判断"通常在哲学中用来表示一种行为，而我在这里用它来表示系统可以拥有的一种属性或能力。第二，我在这里并不是说本书所捍卫的判断能力的概念是一种"心灵标志"，也就是说，在所有人类认知活动的任何时候都必须表现出来的一种属性，才能算作人类的认知活动。重要的是，我们能够说某人毫无判断地做了什么、说了什么或想了什么，比如反射式地行事，"不假思索"。

[3] 传统意义上，实践智慧与实践判断有关，而这并不是我在这里特别关注的。我认为，知道如何恰当地行动需要以具体情况为基础，并认识到它们的微妙和复杂性可能超过所有关于它们的注记，我认为这是所有判断的特征。一般来说，对注记负责要求对世界有坚定的担当，而不是对世界的注记担当，而这一主题至少与美德伦理学对义务论的反对产生共鸣。详见，Alasdair MacIntyre, *After Virtue*,（Notre Dame, IN：Notre Dame University Press, 1981）。

为什么判断能力很重要？答案依然是本体论。正如我一直努力阐明的那样，注记（甚至是非概念性注记）是从世界的细节之中提取出来的，它们做近似、实施暴力、以牺牲其他东西为代价来保护某些东西。这并不是否认注记的必要性。如果没有它们，在大脑（系统）容量有限和世界部分分离的情况下，我们会变得不知所措，无法适应任何超出我们有效抓握范围的事物。那时，我们就会失去世界。[1] 然而，无论注记的必要性如何，重要的不是我们的注记过程，而是我们所注记的内容。就是要知道对注记负责和对所注记的事情负责两者之间的区别，即要致力于后者，而不是前者。

想想我们为什么要把孩子托付给成年人[2]照顾，以及"但是我照你说的做了"这样的回答会带来什么样的灾难性后果。我们希望保姆照顾的是我们的孩子，而不是他们（或我们）对孩子的注记。我们希望他们能够处理发生的所有情况，而不仅仅是那些我们预先注记的情况。以这种方式接触世界是需要判断能力的，因此需要一个成年人。[3] 或者类似地，想象一下跟

---

[1]　也就是说，对我们来说世界什么都不是，什么都不存在。可以说，"世界本身"将继续平安无事。

[2]　至少是正在成年的人。

[3]　这并不是说成年人必然成功，或者情况如何被登记与法律和正义无关。这些都是次要的。重要的是孩子，那孩子可能会死亡。

一个爱着想象中的你而不是爱着"真实的你"的人生活在一起是多么危险。或者比如，如果一辆无人驾驶汽车犯了一个错误，那么容易受到伤害的是其相关数据结构所代表的人，一个完整且真实存在的人，其丰富性、价值和细节都难以言表，远远超过了汽车可以注记或构想的任何东西。如果我们要驾驶能够承担责任的汽车，我们希望汽车所承担的责任是保护自己和他人的生命安全，而不是执行各种机械步骤。如果设计者没有能力保证乘客和驾驶员的安全，那么这样的汽车就只是一堆测算工具。我们应该据此理解和部署它们。

如果表征和注记伴随着上帝赋予的充分性保证，准确的判断能力可能就不会那么难得，或者不会那么重要。但是不存在这样的保证，也不可能存在这样的保证。世界的情形不允许这种可能性。如果不了解这一点，如果没有判断能力，你就无法把这个世界当作一个世界来看待。

THE
PROMISE
OF
**A**RTIFICIAL **I**NTELLIGENCE
Reckoning and Judgment

## 第十一章

# 讨论：关于通用智能和判断
# 能力的七个深入话题

## 1. 人类与机器

正如开篇所述，测算能力和判断能力之间的区别不是为了指出或标记人与机器之间在现在或未来有任何区别。[①] 首先，如果说"机器"这个词有什么优点的话，至少在某种意义上，人类也可能是机器。更重要的是，我没有找到任何原则性的理由来反驳为什么能够做出真正判断的系统某一天会被合成，或者会从合成的起源中发展出来。我的目的并不是取缔用泥土造人，也不是把人造物挡在人性[②] 的最高境界之外。

---

① 判断能力不是人类性的标志，但或许是人性的标志。
② 与上一个脚注里的人类性相区别的人性，或许可以称作"仁"。

# 机器

"机器"一词至少可以说有两种不适用于人类的含义：构建性和机械性。然而，除非一个人是二元论者，否则很难否认前者与人类的相关性；除非一个人先验地相信，生孩子不是一种"构建"孩子的形式。虽然这貌似显而易见，但要对这一观点进行辩护却相当困难。我们不能简单地通过参与孩子的自然繁殖来理解"孩子是如何构建的"，我们也越来越不能理解自己所设计的计算机系统，尤其是当它们的构成规律（使它们成为机器的东西）来自机器学习算法时，我们不知道系统的"机谋"细节。如果要成为一台机器需要工程师在构成规律的层面上进行理解，那么基于机器学习的系统（图像"识别"器、"诊断"系统、"规划"师之类）必须被认为是机器领域之外的东西。（仅仅在某些层面上理解这种规律尚不足以把人类跟机器区分开来，因为我们在很大程度上了解氧、氢、碳等是如何构成人类的有机身体的。）

至于机械性，除非一个人是二元论者，否则我们会认同自己在某种程度上是机械的，只是在构成的层面上并非机械（除非"机械"意味着某种特殊的、人类不具备的物理方式，那就跟前面的情况一样，一切这种理解都可能把计算机排除在外）。但是计算机在本质构成上也不是机械的，我相信计算是一个在本质构成上就是语义的或具有意向性的概念。所以，如果人类由于这个原因不能算作机器，那么计算机也一样。

换句话说，要么我们属于机器范畴，要么至少可以说当代计算机不属于机器范畴。这两种选择都不支持与人工智能相关的人类与机器的明确区别。

正如我反复阐述的，并不是人类所有的认知活动，特别是从小处而言，都符合我所提出的判断能力标准。也许我们能说的最好的——尽管还有很多可说的——就是让成年人对自己的行为负责。即使成年人并不是每个行动都经过深思熟虑的判断，我们也相信他们应该能够做到在必要时进行深思熟虑的判断。更一般地说，我将判断能力视为一个范畴的目的，是建立一个恰当的关于认知的标准，从而使任何给定的系统（人或机器）是否能够或确实满足它成为一个经验性问题。

我在序言中提出了看待这一问题的另一种方法。人工智能的发展带来的挑战之一是，它将如何或应该如何不仅影响人们对自身的认识，还影响构成人类的基本标准（因为"人"在某种程度上是一种规范性词语，而不仅仅是生物学上的词语 [①] )。人工智能将如何影响人性本身，而不仅仅是影响人类生活的世界？假定我们不将判断能力过度理想化，我们可以通过把测算任务移交给我们的合成物，而反过来对人类"加大赌注"，提高"人之为人"的标准，把这里所描述的判断能力作为对成年人思想的本真性要求。这种策略大概是比较可靠的。

## 2. 细节

在提出测算能力和判断能力之间的区别时，我没有说明判断能力的细节。由此产生了很多问题，例如，判断力所涉及的必要价值观和存在担当是否（或应当）在文化上是有地域性

---

① 短吻鳄不需要努力成为短吻鳄。人们认为短吻鳄这一身份描述是准确的，无论短吻鳄有多么懒惰、多么特别，或具有与生俱来的暴力习性。而人类是不同的：我们必须努力成为人类。做出"不人道"行为，就是未能达到构成人类资格的最低道德标准，至少没有达到"善"的道德标准。智人是一回事，人格健全则是另一回事（而短吻鳄就不用担心自己会变成"短吻鳄"）。也就是说，"人"这个范畴是具有规范性的，而不仅仅停留在生物学方面。它与好坏相关，跟善恶相连，与价值、道德乃至精神相通。人性与理解的关系涉及由知识之树永恒地象征着的那些难缠的问题，乃至在科学革命之初，笛卡儿就把它们跟物理问题的连接砍断，一分为二了。

的，在人性上是普泛的，或者涉及更广泛的关切。[①] 我提出的建议，实际上表态了，但没有在这里进行辩护，我认为对世界负责不仅可以作为真理的基础，也可以作为伦理的基础（这种对"一"的负责，是对先于注记的世界负责，不是对绝大多数人用"世界"这个词所命名的后本体论现实负责）。类似地，我也没有回答一些疑问，比如："拥有判断能力是否需要有一段历史？""是否需要融入一个社会？"等。我没有说过我们是否能够，或者将会怎样发展一个由人、机器、制度、实践、价值观以及其他一切组成的混合体，使这个混合体能够做出判断，而不是由其中的任一成员做出判断。以及诸如此类的内容。

我认为，一旦我们对正在建立系统的能力有了切实可行的了解，这类问题就应该引起我们的注意。而我所希望的是有一份关于人类和人工智能领域的一阶地图，该地图可能会让我们在面对"智能机器是否正在到来，并即将接管人类社会"这一总体性问题时避免手足无措。为了实现我们的目标（以健全、有益、可行和理智的方式明智地部署这些系统），一旦有了足够的概念工具来评估它们，我们就可以解答大量需要解答的细

---

① 详见 Alasdair MacIntyre, *Whose Justice? Which Rationality?*（London：Duckworth, 1988）。

节问题，即使在开始的时候只是初步地和临时性地。

# 3. 意识

有人会辩称，我赋予判断能力的一些特征更多地与意识有关，而不是与智力有关，因此，将判断能力作为通用人工智能的标准多少有些不公平。这条评论自然有一定的合理性，却是大错特错的。从根本上说，这种反对意见把情况完全颠倒了过来。

正确的情况是，我所描述的那种生机勃勃的智能的一些特性，尤其是在它处理一个极其丰富的世界时，通常会跟"感质"（qualia）或者其他意识的现象特征联系起来，而这些特征又被认为是超越了离散命题和传统逻辑所能把握的范围的。但是，如果认为这里所维护的判断能力的概念包含了比"纯粹理性"更大的范围，就必须涉足意识或情感的领域，那么就会错过支持本书整个分析的本体论的基本观点。

如果当前基于"清晰而明确"概念的逻辑和理性理论被认为是已给定的、不存在问题的，而且不必分析这些概念承担什么责任的（对它们是如何抽象、如何理想化、如何对它们所应用到的世界既公正也不公正等负责），那么有问题的是这些关于理性的理论自身。丰富是世界本来的样子，理性（而不仅是情感或者意识）必须要对丰富的世界负责。适合用来描述世界的注记框架多种多样，包括超越了离散概念的那些注记方案。世界的丰富性超出了这些体系的范围，这是一个关于世界的直接的形而上学事实，这一事实对任何理性和理性概念来说都至关重要。即使现象学哲学已经比分析哲学更敏锐地意识到这种丰富性，但丰富性本身就是形而上学根基上的统一性的基本特征，并不囿于意识现象或者主观领域。

总体来讲，我试图说明，我们一方面要理解第一波和第二波人工智能，另一方面要理解测算能力与判断能力之间的区别（这是本书的两个目的），这需要摒弃一个被广泛接受的划分。一边是貌似一清二楚的概念上离散的计算理性领域，也是老派人工智能试图模仿的领域，它可能被西方形而上学和认识论影响了太长时间，这一模型的基础是一个有缺陷的本体论预设，即由一个没有问题的离散对象和属性组成的世界。另一边是更丰富、更流畅的"主观"意识领域，与世界本底上[1]那灿烂而丰富的精微协调一致。第二波人工智能在测算能力（甚至不是判断能力）方面的成功得益于它认识到了世界本身不可言喻的复杂程度。判断能力要求坚持理性，并不带感情地解释这种丰

———————

[1] 说它是"本底上的"（underlying），仅出于过度忠诚于概念抽象的短视。正如机器学习应该提醒我们的那样，世界不可磨灭的多样性没有什么是"隐藏的"。

富性，当对于世界的丰富性错失太多时，就准备放弃对注记框架的忠诚，这些与意识的主观特征无关。[①]

我们可以认为，逻辑和老派人工智能之所以失败，是因为它将理性视为一种后注记（后本体）式的、走法明确的过程，就像在国际象棋游戏里那样。机器学习帮助我们理解现象学家长期以来的观点：让注记对实际（未被注记的）世界负责、可靠，是智能、理性和思想的要素。如果这些见解导致对理性、推理和思想的重新理解，进而影响和调整我们对意识的理解（正如我认为它应该且将会成为的那样），那就再好不过了。但需要搞对方向：从现实的本质到意识，而不是与此相反。

## 4. 情感

测算能力与判断能力的区别并不等同于理性与情感的区别。有些人可能会觉得担当、守护和在乎等必须是情感状态的，因为情感可以引起行动和成为动机。我有很多理由相信这

---

① 意识确实有固有的特性，包括它不可避免的主观性和不可分享的独特性，我将在其他地方谈到。然而，我相信将"感质"当成意识的独特特征和科学上无法解释的，是经不起推敲的错误，源于在本体论上对现实本质理解得不够充分。

种说法从根本上来说就是错误的。首要的一点是，真正的判断能力需要超然和冷静，并能从一些最典型的情感起伏中解脱出来（当引导孩子做出经过深思熟虑的判断时，我们会适当地告诉他们"把你的情绪放在一边"）。依我看来，人们如果想在人际关系方面保证持久的状态，也必须超越情感。

此处的要点并不是要质疑情感，有些人会认为情感对于实现人性、灌输同情心等至关重要。更确切地说，如上所述，我想反对这样一种观点，即智能和理性是由某种类似形式逻辑的东西充分建模的，而这种形式逻辑正是目前的计算机所擅长的。我拒斥下面这种标准的两分：一方面，"理性"没有担当、奉献和对世界的积极参与；另一方面，情绪和情感是这种积极行动导向态度的唯一所在。① 我相信，用卡丽丝·汤普森② 的话说，把理性（logos）让给测算，迫使判断在悲情（pathos）中寻求庇护，这将是毁灭性的。甚至连越来越流行的"好的思考"需要将理性理解与情绪和情感相结合的观点也认同了这一

---

① 在其他问题中，如果一个人将情感纳入同一范畴，不仅是冷静地关注自己思想的真实性、记录的适当性、观点的超然性，还有自我放纵、歧视、偏见、自私、报复等成分，如此一来，人们就需要通过工具来区分"好的"情绪和"坏的"情绪（前者和后者）。在我看来，这种区分需要依靠冷静的判断能力。

② Charis Thompson, personal communication, 2018. See the introduction to her *Getting Ahead：Minds，Bodies，and Emotion in an Age of Automation and Selection*（forthcoming）.

贫乏的理性概念。

关于这种误解的一个例子，可以想想托马斯·弗里德曼的建议[1]：进入工业时代以来，机器取代了双手（体力劳动），而第二代人工智能系统正在取代人的大脑（脑力劳动），唯一保留的只有人的情感——激情、个性和协作精神。虽然这个建议表面上看起来很优雅，却存在致命的缺陷。我认为深思熟虑的判断能力是理性的基础，这个建议"泯灭"了这种判断能力，因此对任何接近真正的智能或理性的探究视而不见。正如豪格兰德所说，理性的所有基本组成部分，即决定、支持和争取真理，需要积极和"决绝的担当"，这远远超出了计算机的能力范围。

## 5. 责任

一个系统只有能够做出真实的判断，才能真正对其行动和思虑承担责任。如果一个自动导航系统导致一架飞机偏离跑道并撞上一座山，那么普遍的说法是该系统失灵，我们甚至可以说它是有过错的。但我们会（也应该）避免让任何目前可构建的计算机系统为这场悲剧负责。只有一个具有判断能力的、有

---

[1] "From Hands to Heads to Hearts," *New York Times*, Jan. 4, 2017.

存在担当的系统才能够对道德立场负责。

有人说，在历史上，责任只能由一个能够做出人类判断的系统来承担。我回避人类与机器区别的目的之一是，为判断的概念发展留出空间，这种判断的实质足以使限定词"人"既不是必要的，也不是充分的。我们需要能够询问特定任务的责任在哪里，应该位于哪里，而非偏执于判断是来自人还是机器（或政策、实践、法律、社区等，也包括它们的混合体）。[①]

# 6. 伦理

我出于两个原因有意不讨论关于伦理的话题。长期以来，我一直认为，关于伦理和人工智能的实质性讨论需要我们对"人工智能是什么""智能需要什么"等问题有更深刻的理解。因此，本书可以被看作一种尝试，列出一些我对人工智能伦理有意义对话的先决条件的理解。正如本书所表明的，我不认为通过伦理的视角来探讨人工智能的主题是了解人工智能的本质、能力、角色、影响和适当部署等最深刻、最严肃问题的最

---

① 这一训令必须得到谨慎处理。在将判断委托给第一波和第二波人工智能的压力下，如果我们淡化了责任是什么、责任需要什么，以及我们应该让人类和机器负责的具体标准，那会带来灾难性的后果。

佳途径，尽管这对一些人来说似乎很有诱惑力。

不过，我们可以做一个初步的伦理评论，以为实质性的讨论做准备。一方面，计算技术的发展所引发的许多关键性伦理问题在细节上是前所未有的，但从一切新技术的运用来看，又都具备某些相似性，例如：转基因生物、社交媒体、核武器等。当我们问人工智能系统本身如何成为道德主体，即能够（并因此被授权）为自己的行为承担伦理责任时，我们产生了一种前所未有的，恐怕只在养育孩子时才有的顾虑。我相信我们还有很长的路要走，但如果我们所创造的事物开始进行"独立思考"，这里的问题就会出现。我的观点很简单，这样的系统必须能够进行道德判断，且这种判断恰巧属于本书所讨论的那种判断。

这并不意味着一个能够成为道德主体的人工智能系统就必须能够明确地运用伦理概念，即拥有明确的道德理论或者按照明确的道德理论进行推理。就像一个年轻人可能会在没有明确道德理论的情况下表现出值得尊敬的伦理判断和行为（甚至可能是超常的智慧），一个合成的系统也应该可以如此。相反地，我们很容易想象出一个被设计用来操纵伦理价值符号表征的测算系统，这一系统甚至没有能力本真地指称我们认为其意向状态所代表的实体，也就是说，系统本质上根本不具备道德行为的能力。对于人或机器而言，伦理的基础是主体的（半自主的）判断的道德品性，是面向世界的意向取向、尊崇和参与，而不在于是否拥有一个明确的（伦理）理论。

对于一个当下激烈争论的话题，即无人驾驶汽车的问题，或许可以进行一点补充。让我们先把可能分散注意力的问题搁一边去。在这种情况下提出所谓"电车难题"①的困难之一，可能在于人类很少知道自己在这种情形下会做什么，即假设驾驶需要进行深思熟虑的推理。人类所面对的情况复杂多变，我们建设道路、限制交通模式、开发出复杂的社会实践都是为了最小化人类驾驶员的认知需求。对于人类驾驶员来说，随时需要重新评估路况——拐弯后是道路还是悬崖、前车是否会突然抛锚以及是否会紧急制动等——是非常危险的。人类驾驶员只有在高度管制的领域才会被追究责任，在这些领域中，工具的使用、社会实践和规范已经承担和预示了大量的判断。

也就是说，作为一个社会，我们所面临的问题是如何配置交通，以确保由（也许是超常敏锐的）测算系统所操控的车辆

① "电车难题"的最初宣传者是菲利帕·福特，但这一问题最早起源于20世纪初。该问题关注的是什么都不做或进行干预两者，在道德后果可变的情形下，其结果的不同。在有关无人驾驶汽车的讨论中，问题通常被简化为在两种具有明显道德后果的行动方案（比如杀死更多老人或更少儿童，以及优先考虑乘客而非行人）之间做出选择。

能够最大限度地保证安全。也许在某些情况下（比如在长距离公路上），我们可以充分限制驾驶环境，就像我们目前对飞机所做的那样，因此可靠的测算可以提供足够的安全性。也就是说，一种关于部署目前所设想的无人驾驶汽车的较为明智的方式是，确保它们能够将各种可获得的信息结合起来，仅通过测算产生人类判断为安全的结果。然后，随着我们能够开发出越来越像有判断能力的系统，它们能够进行安全部署的环境数量就会相应地增加。但正如我一直强调的那样，我不认为自动判断会在短时间内出现。

照此推论下去，我们就不应该将人类需要有完整的判断的那些任务委托给测算系统，不应该相信系统可以胜任，也不应该在无意中使用或依赖于系统，甚至是只要这些系统。系统一方面需要进行判断以维持正常、可靠的运转，但另一方面又缺乏所有的相关能力。

# 7. 构建

我还没有阐述过如何构建判断能力。虽然我认为谁也不知道其中的细节，但仍可以提出一些观点。首先要注意，我们已经就判断能力的构成陈述了三个事实。第一，所有的意向和语义属性，判断能力是其中一种（连同保持正确、保持诚实、保持可靠等能力），是非有效的关系属性。[1] 它们并不是关于机器中对象的机械（有效）形状的事实[2]，所以任何关于判断能力存在的问题都是关于"解释之下的"系统的问题，而不是它的机械形式。第二，正如我所强调的，判断能力是一个系统如何工作的整体属性，即一种事物如何与其他事物相联系、系统在遇到相互矛盾的证据时会做什么、一个感知事件会触发什么事件或过程、它如何对整体情况做出反应等。因此，即使在解释之下，判断能力也不太可能是一个架构的孤立或类别化属性。第三，判断能力涉及系统对世界的优先考虑，高于系统内部状态和表征以及任何输入、策划和"内部"过程所体现的模式。从内部架构的角度来看，还没人知道"优先考虑世界"是什么样子的。

这将直接导致以下几个后果。

第一，在低于整个系统或个人一级的实现层次上，不太可

---

[1] 就技术角度而言，将其称为关系属性是不准确的，因为一般来说，关系属性是一个与两个（或多个）其他本体上确定的实体相关的属性。然而，在此处提出的形而上学和本体论的世界观中，注记属性是部分地（而不是完全地）构成事物之所以是事物的事实。因此，通过意向或语义属性"相关"的实体并不一定在本体上可以独立出来，除非是作为该关系属性的相关项。

[2] 请参阅我即将发表的《计算反思》。其中阐述了即使是内部指称（即意向行为的目标是一个内部过程或结构）也并非有效关系。

能发现系统内存在的判断能力。它不太可能通过系统内部体系结构配置中可识别的活动结构或模式来实现，更不可能存在有效的神经或机械关联（就像一个逻辑系统中为"真"的句子的存在或形状不能纯粹根据句法形式来确定）。一个人的功能磁共振成像或者一个对合成系统的有效状态进行描述的文字或图表，不可能揭示该系统是否具有接近可靠的判断能力的东西。[①]

第二，由于世界优先于任何内部表征或状态在构成上的重要性，所以任何不按照适合于对其判断负责的方式与世界本身接触的系统，都不太可能获得判断能力。判断能力对参与这个世界的系统和有机体是可获得的，它永远不会被一个旁观者或与世界脱节的测算者达到。

第三，正如前面所提到的，我不认为在目前的科学范围内，可以从"卷席机制"的方法论中解释真正的智能，因为（至少目前）科学致力于解释物理机制和因果关系，而这阻碍

---

① 有人会认为可能存在神经或机械的判断"相关物"，就像化学物质或激素对应于生存焦虑，而这样的相关物也许并不存在于一个纯粹的测算系统中。目前而言，这些只是幻想的猜测，无法理性地为其辩护。

了语义的非有效延伸和存在担当的规范本性进入其视野。①

　　本书的第一句话即出于这种考虑，即真正的智能，或任何具有通用人工智能标签的东西都将无法通过"再来一份！"实现：增加处理能力、加速实用开发、进行更多新科技研究。当代的研究倾向于关注有效的机制、算法、架构组合等，但是没有一个属于可以引向关于思考和判断能力的洞见的正确的概念类型。

　　什么才有可能将一个系统引向判断能力呢？关于这一点，养育孩子的例子很有启发性。培养孩子的判断能力需要经过多年的不断反思、引导和深思熟虑，并确保在需要做出判断时进行干预、解释和指导，即使这种需要并不明显。每位家长都在纠结在什么情况下必须对孩子进行干预和指导，以及如何确定（以及需要什么样的）干预和指导等问题。有关这些问题、症状和建议的行动方案深深植根于人类文化之中，而且我们所遵循的行为和思维模式已经经过了成百上千年的文明（包括在历

---

① 有些人会争辩说，关于记忆的心理学理论既是合格的科学，也对记忆所涉及的情景或现象（比如童年经历）有充分的关注。可困难在于，尽管这些解释预设记忆内容，但在科学的机械概念内，它们不能解释是什么使那些关于远端世界的情况成为记忆的内容。（只是说当这些记忆被唤醒或报道时，就是实验被试所描述的情景是不够的。问题依然在，即一个机械的科学理论如何对这些陈述性的内容进行解释呢？）

史上所有主要文明里都有的、作为终极问题的看护者的宗教传统）的锤炼。作为孩子的教育管理者，父母、学校、宗教机构、导师、知识、社区等都会发挥构建在这些代代相传的文化遗产和技能的基础上的关注、智慧和反思。

对孩子也有要求。在每个阶段，孩子都必须具备一定的能力，随着他们的逐渐成熟，这种能力会不断增强，从而能够反思自己的行为，并"走出"他们所参与的情境，最终评估以各种方式行动或反应的适当性和后果等。值得注意的是，在任何特定情况下，什么类型的干预和指导可能适用或值得考虑，在原则上并不存在什么限制。有些至理名言是适用的，但是任何试图把它们以清晰的形式表达出来的尝试都几乎肯定会是乏味的和不合时宜的。

******

对于人工智能和计算机系统来说，这一切意味着什么？也许至少是我们很难看到合成系统是如何能够在判断能力上变得训练有素，除非逐步地、渐进地、系统地将系统融入规范的实践中。而且这些规范的实践与世界密切接触，还有教师（长者）的参与，它们稳健地培养和传授的不只是"道德感"，还有对面向世界的存在担当的思想上的欣赏。

我并不想探讨这对人工智能来说是否意味着一条现实的前进道路。正如我从一开始就明确指出的，我的目标不是让人工智能设计师的想象力中道而止。但如果合成的判断能力是我们想要达到的[1]，那么这些就不仅是我们需要接受的目标，还是我们需要采取的方法。如果这是对的，那么获得合成的判断能力将需要研究性质的深刻转变和方法的彻底拓宽。在第八章中列出七个方面的要求，其目的之一是阐明为了实现最初的人工智能梦想需要解决哪些问题。

顺便说一句，我预期进化论解释和深度强化学习的倡导者会提议，我们可以用适当的"奖励结构"和／或"威胁"来处理这一过程，这些"奖励结构"和／或"威胁"旨在模仿文化和个人发展。我对这种策略能否成功持怀疑态度的原因至少出于两个方面。一方面，它们似乎倾向于把道德测算化，而不是强调与世界打交道，从而引导系统超出对其内部表征的担当，并最终超出对世界的担当。另一方面，通过奖励的方式也好，真实的生存脆弱性也好，似乎任何简单利用都是不够的。众所周知，人们不能通过任何简单的刺激和反应、奖励和惩罚等行

---

[1]　我不会在这里表态说我们是否应该以此为目标，但是目前很难想象开发通用人工智能的努力将会结束。

为模式，在其他人那里"买"到慷慨或善良。同理，对于合成生物来说情况也不会与此有什么不同。

判断能力需要对实践和实体构成的本体论网络中的知识和微妙之处具有极强的敏感性，而这些实践和实体的重要性是经由超越任何个人可能把握的文化和历史过程缔造而成的。我认为，如果不是通过道德和伦理的教养，以及稳定的教育、教学、教化、教导，甚至是友谊的熏陶，就不太可能在一个合成的设备中培育出判断能力。

第十二章

# 应用：本体论立场在三个
# 深层技术问题上的启示

要理解第十一章提出的七个话题的意义，我们可以将其应用于三个问题，这三个问题的技术性很强，且重要性非同一般。

## 1. 指称

第一方面涉及指称的本性。我明确说过，判断能力要求所有的注记负责可靠。这要求对被注记的世界的担当。正如我一直强调的那样，仅为注记担当是远远不够的。正如我们现在可以看到的，这也不是对注记好了的世界的担当，相反，我们所需要的是对"被注记的那个是什么"（that which is registered）的担当。这里重要的不只是注记与注记对象之间的区别，这种区别实际上就是地图和领土之间标志与被标志之间的区别。更确切地说，这是一种形而上学的更为根本的观点：对于那些"被注记的那个是什么"，总是存在着盈余。你可能是一个人，但你不仅仅是我所注记的人，还包括了更多。如果我指称你，我指称的是那个完完全全的你。要把一个论证注记为高明的，我必须指称它，不管它是不是一个论证。①

一般来说，为了锚定到世界，指称和思想必须"透过"一切用来解析或理解的注记方案，才能到达世界本身。我们为之担当的不是对世界的注记结果，而是指称和思想所达到的世界本身的那部分，担当把我们与世界绑定，我们的尊崇也是指向世界的。这是真实的也是关键而困难的部分，即使我们所指称的个体的区分准则源于所采用的注记实践。②

以下是一个可能有用的类比，如图 12.1 所示的是蒙德里

---

① 如果这个论证并不高明，那么我就说错了或者想错了，但要出现这种情况，我所说的仍必须是一句陈述，一点思想，具有那种可以成为错误的地位。

② 如果一个现实主义者假定对象本体独立于人类实践，则它可以将指称看作依附于一个既存的对象，而真理则与该对象是否体现了其所声称的一个属性有关。任何认同建构主义本体论的人都不具备该选项，这有深远的影响。对所有试图拥抱具有建构主义倾向的形而上学观点的人来说，确保判断能力是对需要注记的事物的担当，而不是对世界作为注记结果的担当，是一个极其重要的挑战。

安的画作。考虑"朝向左上角的最大的灰色矩形"[①]，并称之为α。假设图 12.2 是一个精确表征，在很高的放大倍数下，其为该矩形的上边缘的一部分。至少可以说，灰色补丁 A 属于α 的指称范围，深色补丁 B 或许不属于 α 的指称范围（白色补丁 C 还不太清楚是否属于 α 的指称范围，姑且先不管），即使 A 和 B 分别处于与 α 相关联的矩形最为可能的实际边界（理想化的、柏拉图式的）之外和之内。例如，如果蒙德里安让助手"擦掉矩形"，那么毫无疑问 A 就会被擦掉。

图 12.1　蒙德里安的画作

资料来源：Piet Mondrian, Composition with Red, Yellow, Blue, and Black,（1921）.

---

① 红色为它的原色。

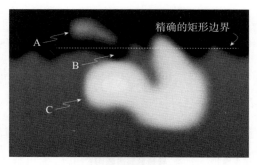

图 12.2　精确表征图

　　这幅图仅是一个比喻。关键是，任何被注记的对象（一个人、一个策略、一个国家）不仅不局限于注记者对它的理解，也不局限于任何以它为所指的理想化中所包含的内容，并且最终也不局限于人类的理解。唯有如此，注记才会负责可靠。这一点可能听起来很玄奥，但实际上是常识性的：我们理解的东西其实总会超越我们的理解，包括其本性、有界性和作为一个对象的同一性。

　　我之前说过，测算系统和判断系统的区别之一是前者满足于在世界的注记范围内运作，而后者必须致力、关注、关切被注记的世界。刚才这个讨论强调，为了确保对世界的担当，一个系统必须"如履薄冰"——把各种注记结果和注记框架都保持悬置在永久的认知和规范中，随时准备对其放手，以便公正地对待用其所注记的事物。佛教有句话很贴切地形容了这种情况：除非以"放下我执"的态度去对待那些你用来理解世界的注记机制，否则永远不能达到"究竟自在"的彼岸。

## 2. 语境

第二方面与一个从一开始就困扰人工智能研究的问题有关，在第一波人工智能向第二波人工智能迭代的过程中一直如此。美国国防部高级研究计划局确定其为通用人工智能标准并设想其成为第三波人工智能的一部分：语境的概念。[①] 问题不仅是让计算机系统以适当的方式使用对语境敏感的结构和符号，比如用指示词和以视角依赖的方式进行描述（类似于"今天"或"驱动器中的媒介"等），而是将系统配置为可以适用于超出当前所表示的更广泛的情况，包括明确或隐晦的情形，既让系统不要忽略相关的事实或现象，也不要浪费时间和资源去探索任何理论上可能相关（但实际上不相关，甚至任何稍有常识的人都会认为其不相关）的无穷无尽的事实或现象。

我们可以通过考虑对第一波人工智能的认识论批评部分技术含义来探讨这个话题：思维产生于"不可言喻的知识和理解

---

① John Launchbury，"A DARPA Perspective on Artificial Intelligence"．

的视域"。要适应语境，并不仅仅是能够考虑给定注记框架中的其他因素，或者甚至能够从一个注记框架转移到另一个注记框架，就像老派人工智能对逻辑推理的构想中所描述的那样，从一个边界清晰的岛屿转移到另一个岛屿。巧妙地处理语境不是一种后注记、后存在论的技能，这才是关键所在。根据第三章图 3.5 的隐喻，语境意识需要具备在水下地形持续移动的能力，即需要监督系统在世界中具身化和嵌入式的参与，且只有在适当的时候才进行注记。

长久以来，真正的智能存在一个不容置疑的事实，那就是只要有相关性，任何东西都有它的用处。在任何特定的情况下以及在任何特定的推理过程中，对于什么可能至关重要，并没有限制或规定。当前的分析提高了预期的目标水平：没法保证任何注记框架能够足以应付所有意外情况。毫无疑问，要用英语来描述一种无法注记的情况在概念上是根本行不通的。然而，作为该方向上的一种指示，我们可以进行一些想象，在某些情况下，任何预先设想的注记集合都不足以被用于训练机器学习系统：一架发生故障的飞机在驾驶过程中坠毁在一个人的头顶，一个人们经常在网上备份头脑的社会中关于谋杀的伦理，一个有两个空间和两个时间维度而不是三个空间和一个时间维度的宇宙的本质等。

唯一的"终极语境"是作为一个整体的世界，任何注记框架都不可能涵盖。换句话说，对语境的敏感性要求远不止从一套预先设定的注记框架中进行选择，语境的敏感性不仅仅是一个拥有世界模型的问题。再换句话说，没有一个模型能够适用于所有潜在的情况。相反，对语境的敏感性要求能够根据需求选择或开发一种模型（注记框架），使其适用于任何情况，并以坚定的担当作为后盾，使该模型（框架）对与模型相关的世界负责可靠。

世界需要担当才能被保持在视野中。语境意识必须以这种担当为基础。因此，概念敏感性需要判断能力。这一点仅靠测算能力是无法达到的。

# 3. TW[①]

最后，总结这一长长的分析究竟把我们带到了哪里将不无裨益。

我在第三章中说过对老派人工智能的本体论批判可以说是

---

① TW 即 that which（中文为：那个什么），指的是在哲学实体理论中扮演纯粹殊相（bare particular）角色的东西，它不会把对象同一性作为本体上已经给定的东西投射到世界中。

最为深刻的。① 毋庸讳言，这不是对本体论的批判，而是对人工智能系统的批判，这与它们对自己要理解的世界所做的本体论假设有关。在构建系统的过程中，我使用了术语"本体论"来大致表示"存在什么"，也就是说，世界中的所有，包括存在的对象、属性和关系。

我在序言中也说过，第二波人工智能最重要的贡献之一是它为我们提供了一扇通向另一种本体论观点的窗户。但就目前所知来看，该描述显然不够充分。机器学习的影响更为深远。这些新系统以及我们通过系统构建所获取的经验告诉我们何谓本体，本体的对象是什么、个体化是如何产生的、世界在对象的"形而下"里是什么样子（即使比在对象、属性和关系的个体化抽象中所掌握得更为详细）。换句话说，第二波人工智能为我们提供了对本体论的形而上学基础的洞察。② 我一开始就说本书会有强烈的本体论色彩。如果当时我们在这一点上已经有了必要的区分，我可以说，本书充满了强烈的本体论和形而

---

① 短语"本体论批判"来自德雷福斯的《计算机不能做什么：人工智能的极限》；他使用该术语对人工智能的批判与我相似，令人惊讶的是，他以认识论为框架，即关于世界和理解的信息及数据等，而不是关于世界本身的结构。

② 我非标准地区分使用术语"形而上学"和"本体论"。"本体论"指的是存在的东西，即世界的所有，以及我们所记录的现实；而"形而上学"指的是作为本体的基础的东西，即世界、对象和本体论的基础和依据（如果合适的话，也指对其进行的研究）。

上学色彩。

我们已经看到，第二波人工智能正在展示一些我已经说了很多年的东西：本体论出现在注记实践的语境中，且并非世界的先验和预设的结构。① 此外，注记（包括确定适当的注记框架）是智能本身最重要的特征之一，也直接适用于人工智能。坦率地说，对于人工智能以及人工智能所属的更广泛的智能研究来说，仅仅对本体论做出假设很显然是远远不够的，我们还必须解释本体论。

对注记展开研究，从而将本体论的主题纳入人工智能的研究议程，可以说是近年来发展的最重要的哲学和科学成果之一。

我们从机器学习和第二波人工智能中学到以下内容：

需要修正我们对概念和概念推理的理解，以欣赏概念源于浸透在非概念细节中的力量。

---

① 这并不是说，本体论的事项或实体（对象、属性、事件状态等）不是认识世界的方式。桌子、机械师和恋爱绝不仅是认知实体、思想、表象、想法、注记框架中的成分、感知模式、推理过程、数据结构类型，以及任何其他纯粹的、认知式的或机械式的配置。在这层意义上，我捍卫的观点是顽固的现实主义：所有这些实体都是我们之外的东西，是世界里的东西。然而，重点是这些个体性、抽象性和图式（个体化、分类、离散概念化、本体论"解析"）是社会和个人注记过程的结果。桌子、人等都不是"认识世界的方式"，而是以某种方式认识了这个世界。

我们需要理解"注记"（registration），并适当地认识到"对世界进行注记"可能是智能的重要特征。

对于人工智能及其对所属的对智能的更广泛的研究来说，假定智能是指部署在已经具备本体结构的世界中的系统所具有的能力，这种说法是不全面的。本体论是智能的成果，而非预设。

最高水平的智能——任何能够支持判断能力的智能或者说真正的智能，至少在一种隐性的意义上需要理解本体论观点，且足以规范和实用地管理人工智能的行为。正如我所强调的，判断能力需要对我们可以称为第三个层次上的表征的担当，而不只是对第一个层次的表征或注记（包括数据结构、图像、描述或术语）担当；或者是对第二个层次的表征，也就是说世界作为被注记的样子的担当（如桌子、机械师等）。[①] 我不相信人工智能系统已经从第一个层次过渡到第二个层次。但任何接近判断能力的东西都需要第三个层次，这是一个更为苛刻的要求：对被注记为椅子的 TW 担当。这个陈述中的"世界"并不

---

① 对这些事物进行充分的哲学性分析，需要考虑内容、意义、指称等传统范畴。但是，通常不会出现此处所阐述的区别，因为我们认为名词"椅子"的所指是作为对象的椅子，并假设这个对象是存在的，且具有独立于其对椅子属性的体现的同一性。这个假设在我所捍卫的形而上学观点中是不可用的。

是指我们通常所认为的世界（一个围绕太阳运转的行星体、一个丰富的社会和政治有序体、一个生物发酵体）。相反，世界在让第三个层次上的担当有意义的唯一意义上，是对所有这些事物而言的基础和保证，它是存在的基础。

我知道，用"存在的基础"来描述世界可能听起来有些不可思议（虽然并不是完全不可思议）。但这一点并不难理解，它既不是问题，也不需要害怕。简单来说，就是我在本书中用过很多次的方式，即第三个层次的担当必须是指向我们所注记的 TW 的。就桌子而言，我们认为是桌子的 TW。就人而言，就是我们注记为人的 TW，如此等等。并非（第一个阶段）"桌子"或"人"的表征，亦非（第二个阶段）作为注记结果的桌子或人（因为这并不能让我们说"那根本不是人"或者"你认为是桌子的东西根本不是一个清晰的对象"）。相反，只有当我们对（第三个阶段）将它当作桌子或人的 TW 担当时，我们才有资格对注记结果负责。

我在自己的教学中引入了缩写词"TW"，首先要解释该缩写词是我在这里所使用的"世界"（"The World"）的缩写，即"存在的基础"。但是随着对话的展开，证明了改变缩写词的内涵（如果非其本义）将会有所助益，由此"TW"代表了"that which"，也就是担当、注记等必须面向的"that which"。

尊崇即必须尊重我们所注记、关心、使用的 TW。注记必须是把 TW 认作一张桌子、一个人，或任何其他东西。注记和注记框架必须对 TW 负责可靠，否则就全无负责可靠可言。

THE
PROMISE
OF
ARTIFICIAL INTELLIGENCE
Reckoning and Judgment

# 第十三章

# 结　论

我们正在通过机器学习和其他计算技术，连同许多来自第一波人工智能的技术，构建具有卓越测算能力的人工智能系统。发展会不断加速，使这些系统在诸多领域的测算能力超过我们，哪怕目前还没有。不管是好是坏——我们可以希望通常会是好事，但也可以肯定经常是坏事——我们会将越来越多地把任务和项目委托给它们。我们将依靠它们挖掘海量数据，它们将通过运用超乎想象的计算能力，越来越多地主宰地球生命的基础结构和基础设施。

然而，我没有在当今世界，在科学或技术领域，甚至是理性想象中，看到任何即将到来的东西表明我们即将构建，或确实有想法去构建，甚至是正在考虑构建具备全面判断能力的系统：

系统为其所注记、表征和思考的世界具备存在性的担当。

系统会为真理而努力，且拒绝虚假的事情，并回避不可能发生的事情，且清楚其中的区别所在。

系统不仅居于和属于这个世界，而且对其而言有一个世界存在——一个作为世界而存在的世界，即是说作为一切都要对其负责的那个世界。

系统深知，必须以尊崇、谦卑和同情来对待系统所在的世界、系统所推理的实体，以及全体人类和社群。

我相信，正是这种完美结合了激情、冷静和同情的判断能力，最终决定系统不只关乎人，也关乎神圣、美好和人性。

我认为，任何想要构建"通用人工智能"的项目，都必须以这种判断能力为目标。我并不认为这是人造物所不能企及的，但它也不是一种渐进的进步——超越第一波或第二波人工智能——超越我们迄今设计的系统。测算能力，尤其是我们目前有能力构建的测算能力，与判断能力存在着巨大的鸿沟。虽然预测是徒劳的，但我看不出我们能在任何人可以称之为短期的时间里，合成出全面完整的判断能力（如果真的有一天我们有能力这样做的话）。即使要在这个方向上取得了哪怕最小的进展，也需要采取完全不同于以往在第一波和第二波人工智能中实施的策略。

我们还在学习。第二波人工智能已经把作为老派人工智能基础的形式本体论假设的不足之处向我们揭示出来了。在第二波人工智能的成功，以及在其他领域广泛多样的洞见的基础上，我们应该重新尊重三个相互关联且无法改变的事实：

世界是极其丰富的，用任何形式的符号都不能完全捕捉其丰富，世界的丰富性超出了任何离散的概念化结构。

所有的注记（尤其是概念性的）都不可避免地会出现扭曲、偏颇且具有趋利性的情况。

通过发掘并超越注记的限制，真正的智能委身于并指向唯一的世界。


三者的结合意味着任何系统，从一个注记框架转向另一个框架也好，处理（或用于）不同情况也好，或试图整合从不同项目中收集到的信息也好，都必须在其推理链中的每一步都把自己的思考扎根到完整的判断能力上，以确保系统的表征会永远对世界而言负责可靠。这些结论有力而发人深省，但它们是世界的原形的直接结果。

这意味着什么呢？鉴于老派人工智能所基于的洞见的深

度，我们为老派人工智能的不足感到遗憾。我们应该对第二波人工智能的成功持谨慎态度，关注它的诸多局限。最重要的是，我们应该对人类的思维能力及文化成就深感敬畏，人类文化发展出的注记策略、支配性规范、本体论担当和认知实践，使我们能够理解世界，并捍卫"世界之为世界"。

Adams, Zed and Jacob Browning, eds. *Giving a Damn: Essays in Dialogue with John Haugeland*. Cambridge, MA: MIT Press, 2016. [108]

Athalye, Anish et al. "Synthesizing Robust Adversarial Examples," *Proceedings of the 35th International Conference on Machine Learning*, Stockholm, Sweden, PMLR 80 (2018). [57]

Brooks, Rodney. "Intelligence Without Reason," MIT Artificial Intelligence Laboratory Memo 1293 (1991). [14]

Dennett, Daniel. *The Intentional Stance*. Cambridge, MA: MIT Press, 1987. [62]

Doyle, Jon. "A Truth Maintenance System," *Artificial Intelligence* 12, no. 3 (1979). [51]

Dretske, Fred. *Knowledge and the Flow of Information*. Cambridge, MA: MIT Press, 1981. [35, 99]

Dreyfus, Hubert. *What Computers Can't Do: A Critique of Artificial Reason*. New York: Harper & Row, 1972. [xix, 23, 140]

Ekbia, Hamid. *Artificial Dreams*. Cambridge: Cambridge University Press, 2008. [37]

Evans, Gareth. *Varieties of Reference*. Oxford: Oxford University Press, 1982. [29, 30]

Feldman, Jerome and Dana Ballard. "Connectionist Models and their Properties," *Cognitive Science* 6, no. 3 (1982). [23]

Fodor, Jerry. "Connectionism and the Problem of Systematicity (Continued): Why Smolensky's Solution Still Doesn't Work,"

*Cognition* 62, no. 1 (1997). [72]

Friedman, Thomas. "From Hands to Heads to Hearts," *New York Times*, Jan. 4, 2017. [123]

Gärdenfors, Peter, ed. *Belief Revision*. Cambridge: Cambridge University Press, 2003. [51]

Haugeland, John. "Analog and Analog," *Philosophical Topics* 12, no. 1 (1981). [31, 74]

———. *Artificial Intelligence: The Very Idea*. Cambridge, MA: MIT Press, 1985. [7]

———. ed. *Mind Design II: Philosophy, Psychology, Artificial Intelligence*. Cambridge, MA: MIT Press, A Bradford Book, 1997. [14]

———. "Truth and Rule-Following," in *Having Thought*. Cambridge, MA: Harvard University Press, 1998. [88, 94]

———. "Truth and Finitude," in *Dasein Disclosed*. Cambridge, MA: Harvard University Press, 2013. [94]

Hutto, Daniel. "Knowing What? Radical Versus Conservative Enactivism," *Phenomenology and the Cognitive Sciences* 4, no. 4 (2005). [27]

Launchbury, John. "A DARPA Perspective on Artificial Intelligence," https://www.darpa.mil/attachments/AIFull.pdf [138]

LeCun, Yann, Yoshua Bengio, and Geoffrey Hinton. "Deep Learning," *Nature* 521, no. 7553 (2015). [47]

Levesque, Hector. *Common Sense, the Turing Test, and the Quest for Real AI: Reflections on Natural and Artificial Intelligence*. Cambridge, MA: MIT Press, 2017. [75]

Lighthill, James. "Artificial Intelligence: A General Survey," in *Artificial Intelligence: A Paper Symposium*, Science Research Council, 1973. [53]

MacIntyre, Alasdair. *After Virtue*. Notre Dame, IN: Notre Dame University Press, 1981. [111]

———. *Whose Justice? Which Rationality?* London: Duckworth, 1988. [118]

Marcus, Gary. *The Algebraic Mind: Integrating Connectionism and Cognitive Science*. Cambridge, MA: MIT Press, 2001. [75]

Maturana, Humberto and Francisco Varela. *Autopoiesis and Cognition: The Realization of the Living*. Dordrecht: Reidel, 1980. [27]

McCulloch, Warren. "What is a Number, that a Man May Know It, and a Man, that He May Know a Number?," *General Semantics Bulletin*, no. 26/27 (1960). [3]

McDowell, John. *Mind and World*. Cambridge, MA: Harvard University Press, 1996. [29, 93]

Millikan, Ruth. "A Common Structure for Concepts of Individuals, Stuffs, and Real Kinds: More Mama, More Milk, and More Mouse," *Behavioral and Brain Sciences* 21, no. 1 (1998). [99]

————. "Pushmi-pullyu Representations," *Philosophical Perspectives* 9 (1995). [100]

Pater, Joe. "Generative Linguistics and Neural Networks at 60: Foundation, Friction, and Fusion," plus comment articles, *Language* 95. no 1 (2019). [75]

Piccinini, Gualtiero. *Physical Computation: A Mechanistic Account*. Oxford: Oxford University Press, 2015. [10]

Rosch, Eleanor, Francisco Varela, and Evan Thompson. *The Embodied Mind*. Cambridge, MA: MIT Press, 1991. [27]

Searle, John. *Speech Acts: An Essay in the Philosophy of Language*. Cambridge: Cambridge University Press, 1969. [86]

Smith, Brian Cantwell. "The Owl and the Electric Encyclopaedia," *Artificial Intelligence* 47 (1991). [37]

————. *On the Origin of Objects*. Cambridge, MA: MIT Press, 1996. [xvi, 8, 18, 26, 29, 32, 35, 41, 67, 81, 98]

————. *Computational Reflections*. Forthcoming. [4, 9, 128]

————. "Rehabilitating Representation," unpublished. [15, 35]

————. "Solving the Halting Problem, and Other Skullduggery in the Foundations of Computing," [12]

————. "The Nonconceptual World," unpublished. [64, 68]

————. "Who's on Third? The Physical Bases of Consciousness", unpublished. [121]

Strawson, P. F. *Individuals*. London: Methuen, 1959. [15, 99]

Suchman, Lucy. *Human-Machine Reconfigurations: Plans and Situated Actions*. Cambridge: Cambridge Univ. Press, 2007. [27]

Sutton, Rich. "The Bitter Lesson," http://www.incompleteideas.net/IncIdeas/BitterLesson.html (retrieved March 16, 2019). [63]

Thompson, Charis. *Getting Ahead: Minds, Bodies, and Emotion in an Age of Automation and Selection*. Forthcoming. [122]

Thompson, Evan and Francisco Varela. "Radical Embodiment: Neural Dynamics and Consciousness," Trends in *Cognitive Sciences* 5, no. 10 (2001). [27]

Weizenbaum, Joseph. *Computer Power and Human Reason: From Judgment to Calculation*. New York: W. H. Freeman and Company, 1976.

Winograd, Terry and Fernando Flores. *Understanding Computers and Cognition: A New Foundation for Design*. Norwood, MA: Ablex Publishing, 1986.